U0175777

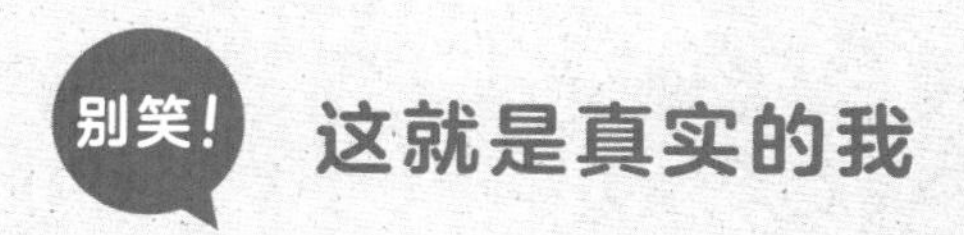

遗憾的进化2

〔日〕今泉忠明 编 〔日〕下间文惠 等绘 王雪 译

南海出版公司

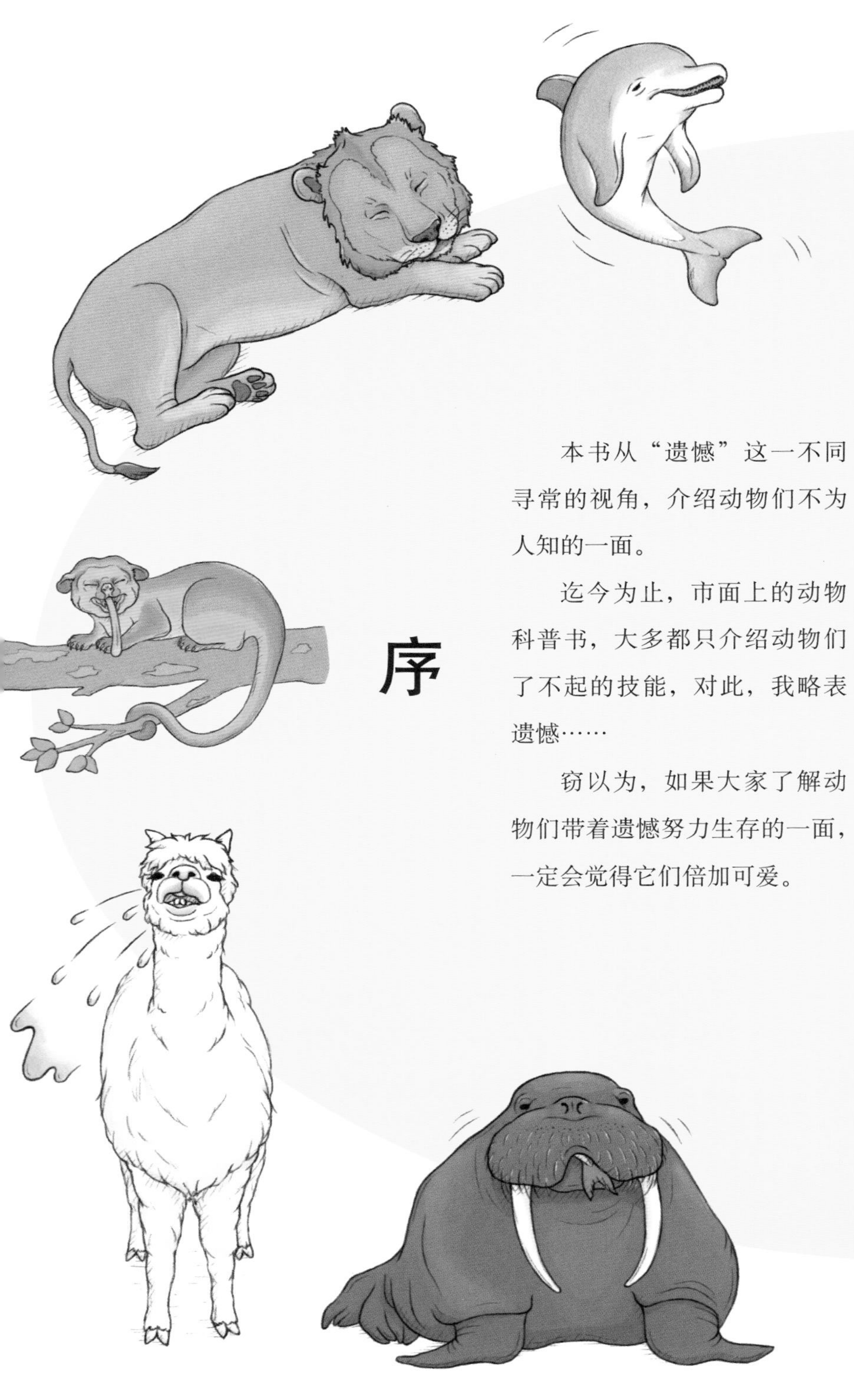

序

本书从“遗憾”这一不同寻常的视角，介绍动物们不为人知的一面。

迄今为止，市面上的动物科普书，大多都只介绍动物们了不起的技能，对此，我略表遗憾……

窃以为，如果大家了解动物们带着遗憾努力生存的一面，一定会觉得它们倍加可爱。

阅读本书时，想必你会一边笑着直呼这些动物“太有趣啦”，一边思考它们“怎么会变成这样”，然后分享给身边的朋友：“你知道×××原来是这样的吗?！”让他们也惊讶一下。

现在，我将这本书献给大家，希望大家在阅读本书后，能对动物们产生更多的兴趣与关爱。

今泉忠明

新经典文化股份有限公司
www.readinglife.com
出　品

目 录

第1章 遗憾的进化

动物们怎么会变成这样? …… 12
"偶然幸存"才是进化 …… 14
即使弱小，也能幸存! …… 16
进化的道路并非只有一条 …… 18
未来生物会进化成什么样? …… 20

第2章 让人遗憾的小讲究

大猩猩用打嗝来寒暄问候 …… 24
河马靠粪便指引回家的方向 …… 25
海獭一旦弄丢了钟爱的石头，就会茶饭不思 …… 26
臭鼩家族像开火车一样行进 …… 28
缀衣笠螺喜欢捡破烂来打扮自己 …… 29
印度眼镜蛇听不到声音，却会闻笛起舞 …… 30
潮虫用肛门喝水 …… 31
三趾树懒把身上的苔藓当作零食吃 …… 32
吸血蝠经常因为吸血过多而飞不起来 …… 33
裸鼹鼠家族中，有充当肉垫的保育员来温暖幼崽 …… 34
蛱蝶最喜欢吸食腐尸的汁液和粪便 …… 35
伶鼬勇于挑衅巨敌，但有时反被吃掉 …… 36
山羊看见纸就想吃，吃完后会闹肚子 …… 38
红蚁会兴奋地把敌人带回家 …… 39

海象对付不了鱼刺……40
树鼩每天都玩命地喝酒……41
双吻前口蝠鲼会用肚皮拍水来示爱……42
突眼蝇帅不帅全看眼间距够不够大……43
火烈鸟单脚站立是因为水里太凉……44
狐獴爱吃有毒的危险生物……45
蚊子其实并不想吸血……46
日本狼进食前，会先在猎物的尸体上撒尿……47
吉丁虫喜欢在火灾现场产卵……48
海底热液口蟹喜欢温泉，却又怕热……49
鲸头鹳似乎要呆立到地老天荒……50
长颈鹿会用舌头挖鼻屎……51
进化之门① 企鹅一门心思钻研游泳，飞翔的本领渐渐退化……52

第3章 让人遗憾的身体

剑龙的脑子和章鱼小丸子差不多大……56
猪其实很瘦，却被人叫成胖猪……57
小龙虾从脸部排出小便……58
鳄鱼的性别是由温度决定的……59
皇带鱼即使失去半截身子，也无伤大体……60
雄驯鹿的角到圣诞节时已经脱落了……62
蜜熊会不自觉地吐舌头……63
小山雀领带越宽越受青睐……64
双锯鱼最大的雄鱼会变性……65

獾㹢狓的身体油光水滑……66
安哥拉兔因为毛太多而时常面临生命危险……67
抹香鲸脑袋虽大，里面装的全是油……68
扁面蛸身为章鱼，却腿短、不会喷墨……69
无齿翼龙的双翼很容易破损……70
狮子一到热天就会体弱乏力……71
麝雉越兴奋就越臭……72
僵尸蜗牛被寄生后会“脱胎换骨”……73
鹦鹉螺空有90多条腿，却不会行走……74
鸽子仰躺时无法动弹……75
管虫没有嘴巴也没有肛门……76
尖牙鱼因为龅牙太长而合不拢嘴……77
宽咽鱼可能会下巴脱落而死……78
袋鼠宝宝在育儿袋中排便……79
蜗牛的舌头上长了两万多颗牙齿……80
狮尾狒生气时很像假牙快要脱落的老爷爷……81
王企鹅雏鸟体形比父母还大……82
管水母其实是小水母的集合体……83
剑齿虎结实强壮，可速度却很慢……84
智利长牙锹甲的大颚夹合力很弱……85
管眼鱼的脑袋是透明的……86
翠猴拥有亮蓝色的睾丸……87
海鬣蜥打喷嚏时会喷出盐粒……88
高鼻羚羊为了加热空气，变成了大鼻子……89
鬣狗的便便是白色的……90
骆驼吃多了，驼峰会变胖……91

第4章 让人遗憾的生活方式

松鼠会秒忘埋藏橡子的地点……94
黑猩猩会谄笑讨好……95
霸王龙吃多了肉会生病……96
考拉宝宝以妈妈的便便为食……98
瘤叶甲幼虫在便便的包围中成长……99
信天翁很容易被抓住，因此也叫呆头鸟……100
白鲸每年都为蜕皮赌上性命……101
六角恐龙遭遇水污染会变得面目全非……102
孔雀鱼在大型鱼面前会变得低调朴素……103
欧旅鼠家族每隔几年就濒临灭绝一次……104
北太平洋巨型章鱼是最大的章鱼，寿命却和仓鼠一样短……105
大海牛因为太单纯而灭绝……106
鸳鸯夫妻每年都换配偶……107
雄孔雀蜘蛛舞技太差的话，会被雌性吃掉……108
雌粪蝇太受欢迎，有时会被挤入粪便中……109
雌犀鸟产卵期会全身变秃……110
竹节虫宝宝会把自己折叠在卵中……111
沙虎鲨宝宝在妈妈肚子里时就开始手足相残……112
黑水鸡疲于照顾弟妹，有时会离家出走……113
貉子很容易被吓晕……114
弱鸡即使想打鸣也没戏……115
磷虾看起来像虾，却几乎不会游泳……116
鲨鱼如果停止游泳，就会沉入深海……117
非洲长喙天蛾一辈子只能吸食一种花蜜……118

海龟总是哭个不停 …… 119
跳弹鳚身为鱼类却害怕下水 …… 120
大王具足虫即使绝食也瘦不下来 …… 121
狐狸的孩子不听爸妈的话 …… 122
浣熊成年后会变得性情凶暴 …… 123
阿德利企鹅没什么防备心，看到人类会凑上前 …… 124
水豚被揉揉屁股就会睡着 …… 125

进化之门② 因为想要走出草原，人类开始直立行走 …… 126

第5章 让人遗憾的能力

叉角羚跑速飞快，但这完全没必要 …… 130
铃蟾会四脚朝天威吓敌人，但这也意味着放弃逃跑 …… 131
马极速奔跑可能会猝死 …… 132
水虿游泳全靠尾部喷水推进 …… 133
犰狳90% 都无法蜷缩成球 …… 134
新生的小象对长鼻子的作用一无所知 …… 136
肿头龙如果鼓足力量顶头攻击，可能会折颈而死 …… 137
白额燕鸥用粪便炸弹来驱敌 …… 138
巨扁竹节虫威吓敌人时很容易摔跟头 …… 139
蜂猴行动过于缓慢，连虫子都会忽略它们 …… 140
雄印尼金锹受欢迎的条件是擅长割草 …… 142
鞭蝎的武器效果一般 …… 143
土豚逃不掉时会四脚乱蹬 …… 144
兰花螳螂口气越重越容易诱捕到猎物 …… 145

老虎狩猎技术太差，经常白忙一场……146
伐氏大角鮟鱇为了钓到鱼，一直坚持仰泳……148
蝙蝠鱼用烈焰红唇引诱猎物……149
笑脸蜘蛛用笑脸吓退鸟儿……150
伊比利亚肋突螈遇险时会将肋骨刺出体外……151
卵石蟾蜍会跳崖逃生……152
普通楼燕睡觉时要冒着生命危险……153
宽吻海豚可能听不懂彼此的方言……154
羊驼一生气就会呕吐……155

索引……156

翻页动画小剧场

海獭开饭啦……23～51
蜗牛的朋友……55～91
贪吃的松鼠……93～125
海豚的精彩一跃……129～155

※ 说明

本书每页介绍一种生物，标题中的动物名称多为一类生物的统称，“生物名片”部分介绍的中文名如若不同，则为该类生物中的典型物种。

第1章

遗憾的进化

奇特的身体、鸡肋的能力……
我们今天看到的许多动物，都有让人遗憾的地方。
难道它们弄错了进化的方向？
其实不然。动物们有各自的理由。

动物们怎么会变成这样？

在这个世界上，许多动物拥有出色的能力，比如大象的嗅觉比人类灵敏 100 万～ 1 亿倍，能够听到几千米之外的动静，蜻蜓连脑袋后面也能看得一清二楚……

不过，也有不少动物的身上存在让人遗憾的地方，比如毫无意义的身体构造、派不上什么用场的能力，等等。

即便是一些大家熟悉的动物，身上也有让人费解的“谜”，让人不禁想要发问：“它们怎么会变成这样？！”

比如……

虽然长着锋利的牙齿，几乎可以咬碎一切……

鳄鱼张嘴的力量还不如老爷爷的握力

湾鳄的咬合力在动物界当属第一，可张嘴的力量却很弱，老爷爷单手就能压住。

让人遗憾的
生活方式

虽然拥有聪明的头脑……

海豚睡着的话会**溺死**

海豚不能像鱼那样用鳃呼吸，必须用长在头顶的鼻孔换气。因此它们只能左右脑轮流休息，不得安眠。

让人遗憾的
能力

虽然体内藏着剧毒……

蝎子在紫外线下会无意义地**发光**

蝎子在紫外线下会发出蓝绿色的光，但这毫无用处。而且它们无法感知紫外线的存在，完全不知道自己在发光。

动物们的身上
为什么会有这些让人遗憾的地方呢？

“偶然幸存”才是进化

生物凭借变化幸存下来，就是进化！

看似无用的身体构造和能力，有时却会成为生物得以幸存的倚仗。而幸存的关键就在于“进化”。进化，是指生物的身体构造或能力历经漫长的时间而发生变化。实际上，进化并不是生物主动选择的，而是生物在努力适应自然的过程中，偶然发生的。

马的腿为什么会变长

✕ 错误的常识

进化不是想要就能实现的。

动物是这样进化的！

动物们如何进化，是由当时的环境（自然）决定的。这就是所谓的“自然选择，适者生存”。

即使弱小，也能幸存！

因为鸡肋的能力而幸存

大家通常会认为，进化就是“越变越强”，但实际上，动物们有时也会因为进化而失去原本拥有的能力。

而且在当时的环境下，强大的生物反而未必能幸存下来。

因为弱小，反而得以幸存

进化与退化相互包含

退化，是指生物体的一部分器官变小，机能减退甚至消失。比如，鼹（yǎn）鼠为适应地下的生活，爪子进化成了钉耙（pá）模样。但与此同时，它们的眼睛变小了，视力减退。如此这般，动物在进化的同时也在退化。

眼睛 必要性降低，于是退化了

爪子 为了方便挖土而进化

我们今天为之遗憾的地方，在特定的环境下，或许会成为动物得以生存的关键！

进化的道路并非只有一条

据统计，地球上现存的生物超过 500 万种。我们常见的鱼、鸟、蛙、狗等脊椎（有脊椎骨的）动物，仅占物种总数的 1% 左右。

不过，一切生命都起源于细胞。从远古时代起，原始细胞在适应各种环境的过程中，逐渐进化成各种各样的生物。

进化的道路并非只有一条。得益于生物的多样性，即使环境发生变迁，也总有生命能够延续下去。

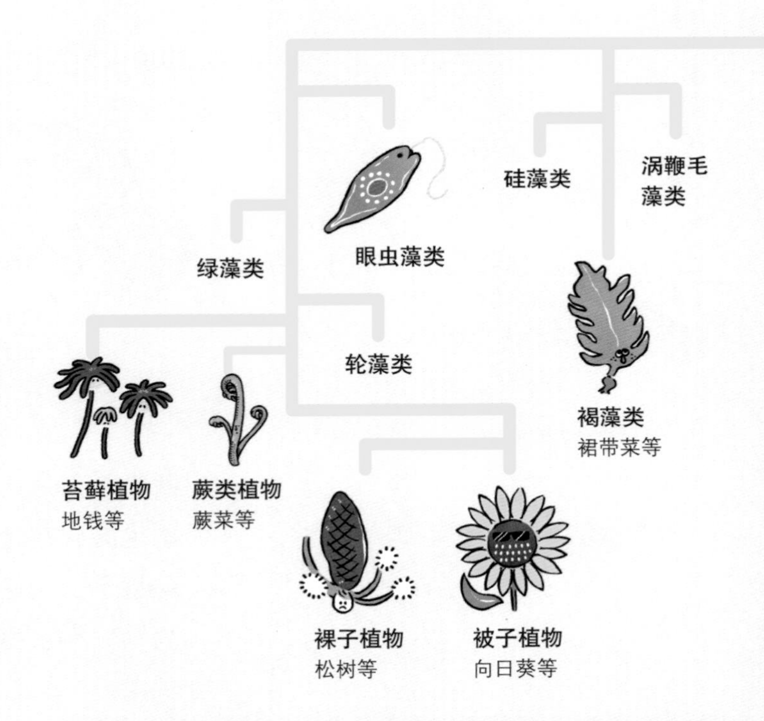

生物靠着各自的“拿手

本图根据日本环境省生物多样性网站（Biodiversity）“观察、了解、行动：生物多样性”版块内容绘制

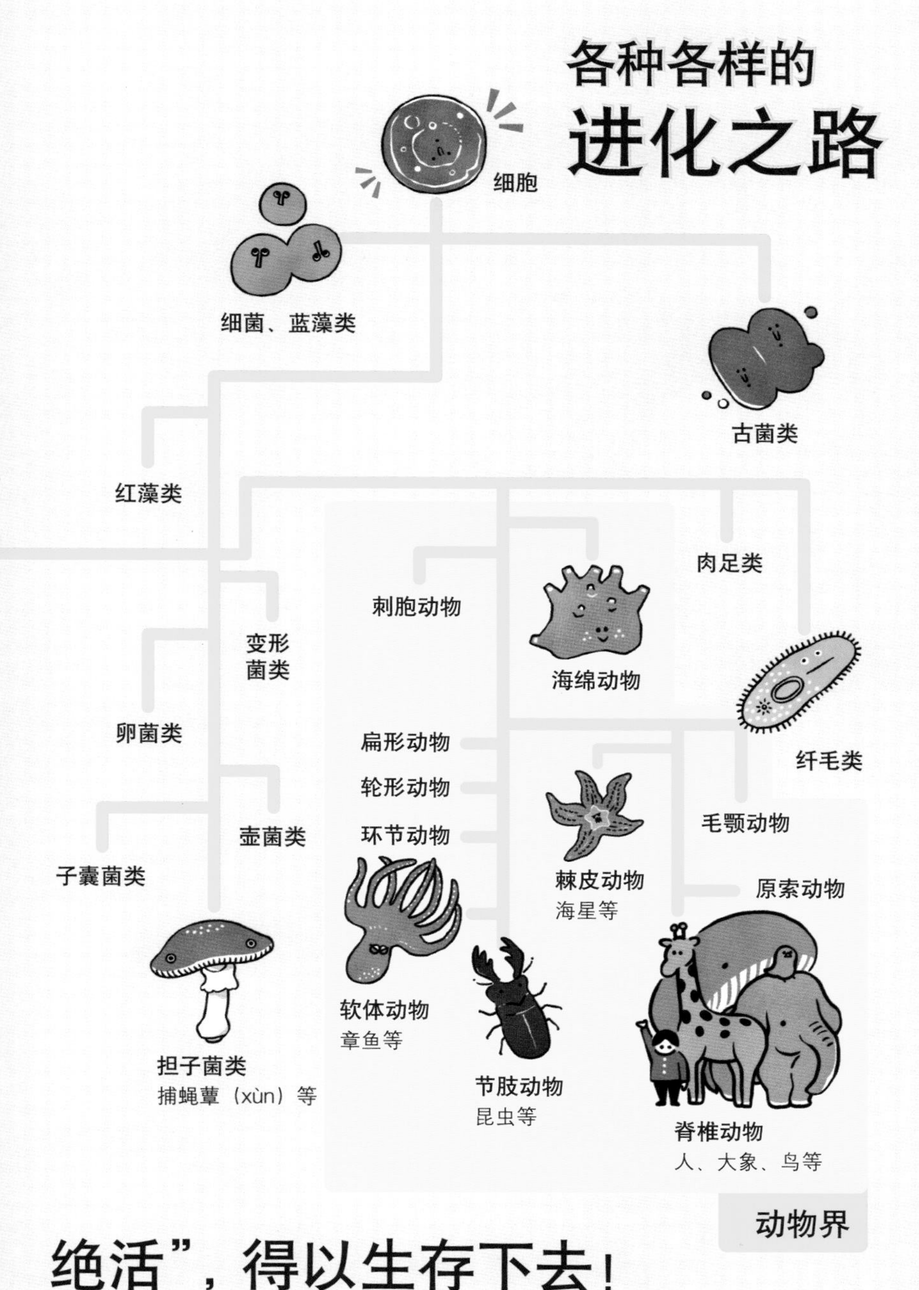
各种各样的
进化之路
细胞
细菌、蓝藻类
古菌类
红藻类
肉足类
刺胞动物
变形
菌类
海绵动物
卵菌类
扁形动物
纤毛类
轮形动物
毛颚动物
环节动物
壶菌类
子囊菌类
棘皮动物
海星等
原索动物
软体动物
章鱼等
担子菌类
捕蝇蕈（xùn）等
节肢动物
昆虫等
脊椎动物
人、大象、鸟等
动物界

绝活”，得以生存下去！

未来生物会进化成什么样？

再过几十万年、几百万年，今天的生物会变成什么样呢？我们人类会进化成另一种生物吗？

实际上，只要人类依然生活在地球上，这种可能性就几乎为零，因为满足进化所需的必要条件极为困难。

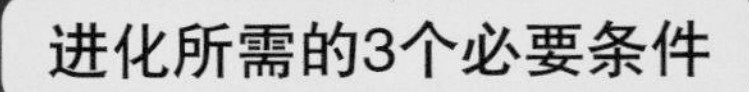

进化所需的3个必要条件

1 环境变化

气候、居住地、食物、外敌等不可或缺的生存要素，以及其他能够造成影响的因素发生剧变。

综合考虑现阶段各方面的情况，人类如果想进化成另一种生物，实现途径只有一条——

那就是前往宇宙。

在遥远的将来……

如果人类移居到另一颗环境与地球迥然不同的星球，经过几十万年、几百万年的适应，由人类进化而成的“宇宙人”将会在那里生息繁衍。

2 突然变异

生物在剧变的环境中生存，偶然孕育出身体或能力比原来更有利于生存的后代。

3 拥有广阔的空间

有广阔的空间，足以容纳突变的后代稳步增加。

第2章

让人遗憾的小讲究

本章介绍的动物，都有些固执的小讲究，
会让你忍不住想要吐槽：
“明明没有必要，为什么非要这样做？”

用餐时间。
贝壳已经敲开了……

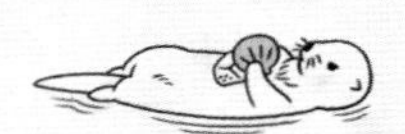

大猩猩用打嗝来寒暄问候

大猩猩无法细微地调整呼吸，发音缺少变化，因此不会说话。

不过，它们会**用打嗝等声音来表达心情**。据相关研究，大猩猩会发出超过 10 种声音来表达心情。比如打招呼时会发出“嗝——”的打嗝声，开心玩耍时会发出“咕嘟咕嘟”的吐泡泡声，警惕时会发出“咳咳”的轻微咳嗽声。

如果人类模仿这些声音，它们似乎也能听懂。因此，**感冒咳嗽的时候，请勿靠近大猩猩**，以免吓到它们。

生物名片

哺乳类

- **中文名** 西非大猩猩
- **栖息地** 西非的森林
- **大小** 体长约 1.7 米
- **特点** 雄性成年后背毛会变成银色

河马靠粪便指引回家的方向

每到夜晚，河马就会出水上岸，到几千米之外的地方吃草。由于皮肤非常娇弱，**河马必须赶在黎明前回到河中，否则就会被日光晒伤**。这时，它们靠粪便指引回家的方向。

排便时，河马会**狂甩尾巴，将粪便洒在周围**。这样一来，它们就能循着气味回到自己的领地，不会迷路。

童话《汉赛尔与格莱特》中，哥哥汉赛尔沿途撒下面包屑，标记回家的路，但却被小鸟吃掉了，结果无法找到回家的路。而河马**用粪便做标记，不必担心被其他动物吃掉，可以安心出门，悠哉回家**。

生物名片

哺乳类

■**中文名** 河马

■**栖息地** 非洲的河流或沼泽

■**大小** 体长约 4 米

■**特点** 皮肤娇弱，会分泌红色"汗液"防晒

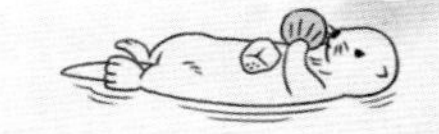

海獭一旦弄丢了钟爱的石头，就会茶饭不思

海獭吃贝壳时，会在肚皮上放一块石头，然后用爪子抓住贝壳在石头上“哐哐”猛击，砸开后取食贝肉。

不过，这种石头可不是随便捡一块就可以的。**每只海獭都有自己钟爱的石头**。它们会试用好几块石头，从中选出最顺手的，然后一直用下去。

有时，海獭会将石头藏在岸边，但大多数情况下，它们会**将其藏在腋下口袋般的皮囊中随身携带**，喜爱到片刻也不离身。

如此宝贝的石头，一旦弄丢或者被偷走了，那可就糟了。在找到新的理想的石头之前，海獭**即便美食当前，也食不知味**。

生物名片

哺乳类

- **中文名** 海獭
- **栖息地** 北太平洋沿岸海域
- **大小** 体长约 1.3 米
- **特点** 是哺乳动物中体毛最浓密的

没有它，日子就
没法儿过了……

臭鼩家族像开火车一样行进

臭鼩（qú）长相酷似老鼠，其实却是鼹鼠的同类。

臭鼩一家出门时，**为了防止宝宝走丢，会采用一种非常特别的行进方式**。它们会排成一列“旅行队”：臭鼩妈妈走在前头，一只臭鼩宝宝咬住妈妈的屁股，第二只臭鼩宝宝再咬住第一只的屁股……这样**一个衔着一个行走，简直就像开火车一样**。

让人意想不到的是，臭鼩宝宝的嘴巴咬合力很强，一旦咬住了，扯都扯不开。因此，它们极少掉队。可是，**一旦最后一只小臭鼩不幸被敌人抓住了，就很有可能招来灭门之灾**。

生物名片

哺乳类

- **中文名** 臭鼩
- **栖息地** 南亚、东非的田野或草丛
- **大小** 体长约 13 厘米
- **特点** 体侧的臭腺能释放出臭味

缀衣笠螺喜欢捡破烂来打扮自己

缀衣笠螺是一种生活在深海海底的贝类。虽然自己就是贝类，可它们却有一个奇特的习性——**喜欢收集贝壳和碎石，粘在自己的壳上。**

至于它们为什么这么做，我们不得而知。一种说法是，这样可以强化自己的螺壳，还有一种说法是，它们这是**把自己伪装成垃圾模样，以防被敌人发现。**

缀衣笠螺分泌黏液作为黏合剂，乐此不疲地将贝壳牢牢粘在身上，那模样仿佛是痴迷于创作塑料模型的少年。

此外，**每只缀衣笠螺似乎都有自己独特的品味**，它们有的专门收集双壳贝，有的则偏爱碎石。

生物名片

腹足类

- **中文名** 缀衣笠螺
- **栖息地** 日本东京湾
- **大小** 壳直径约 10 厘米
- **特点** 样子很像日本传说中背着许多武器的江洋大盗熊坂长范

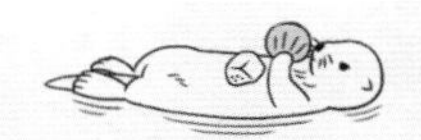

印度眼镜蛇听不到声音，却会闻笛起舞

印度眼镜蛇是一种有剧毒的蛇，它们张开颈部外皮的样子让人毛骨悚然。在印度，有很多操控眼镜蛇的舞蛇人，他们一吹笛子，眼镜蛇就会**像中了催眠术般舞动起来**。

然而，**眼镜蛇是没有耳朵的**。蛇类的鼓膜早已退化，它们主要用眼睛和舌头来感知周围的状况。

眼镜蛇如跳舞般摆动身体，不是在配合笛声，而是对舞蛇人一边敲打它们盘卧的藤篮、一边在其眼前摇晃笛子做出反应。**其原理和你用狗尾巴草逗猫咪一样，它们只是对眼前的动态事物做出反应而已。**

生物名片

爬行类

- **中文名** 印度眼镜蛇
- **栖息地** 南亚的草原或森林
- **大小** 全长约 1.4 米
- **特点** 会立起身子、张开颈部外皮威吓敌人

潮虫用肛门喝水

潮虫喜欢潮湿的环境，因为**它们的祖先原本生活在海洋里**。它们的表亲沙蚕（即海蛆）、大王具足虫等，至今依然生活在海洋中。

摄入大量的水时，潮虫必须用肛门来吸取。可它们和普通动物一样，**也是用嘴巴啃食落叶、用肛门排便便的**，所以这种行为让人很是费解。

不过，潮虫的表亲沙蚕，其肛门附近的疣足上长有鳃，能够吸取海水。这样看来，潮虫用肛门喝水似乎也可以理解了。

生物名片

甲壳类

- **中文名** 鼠妇（一种常见的潮虫）
- **栖息地** 广泛分布在世界各地
- **大小** 体长约 1.2 厘米
- **特点** 不挑食，落叶、果实、昆虫尸体……来者不拒

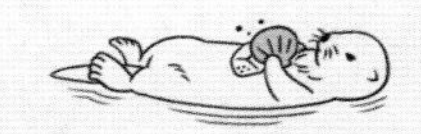

三趾树懒把身上的苔藓当作零食吃

三趾树懒**是动物界的懒蛋之王**。你知道它们有多懒吗？它们可以从早到晚挂在树上一动不动，一天只吃一两片树叶，八天才从树上下来一次，还是因为想要排便才不得不下来，简直是懒到了极点。

长久不活动，三趾树懒的**体毛上甚至长出了苔藓**。不仅如此，**这些苔藓甚至被三趾树懒当成了零食，用来补充蛋白质**。

生活在密林中，身边到处都是植物，可三趾树懒竟然吃起了身上的苔藓，一伸舌头就能舔到，把就近取材发挥到了极致，真不愧是懒蛋之王。

生物名片

哺乳类

- **中文名** 褐喉三趾树懒
- **栖息地** 中美到南美的森林
- **大小** 体长约 60 厘米
- **特点** 为了提升体温，早晨会在树上晒日光浴

吸血蝠经常因为吸血过多而飞不起来

正如其名，吸血蝠**以动物的鲜血为食**。它们用尖利的牙齿刺破猪或牛的皮肤，舔食伤口流出来的鲜血。在整个哺乳动物中，只有吸血蝠以吸食鲜血为生。而在900多种蝙蝠中，仅有3种是吸血蝠，可见以鲜血为食是非常罕见的食性。

可是，鲜血是液体，很容易就消化掉了，因此，吸血蝠必须频繁摄入大量血液，否则就会饿肚子。它们**每天晚上都要舔食相当于一半体重的血**，把肚皮撑得溜圆，甚至会**一边小便一边舔血**。尽管代谢了一部分，可身体还是重得飞不起来，于是吸血蝠只好这样蹦蹦跳跳地回家去了。

生物名片

哺乳类

■ **中文名** 吸血蝠
■ **栖息地** 中美到南美的森林
■ **大小** 体长约9厘米
■ **特点** 唾液中含有抗凝血成分

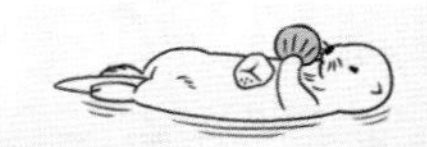

裸鼹鼠家族中，有充当肉垫的保育员来温暖幼崽

裸鼹鼠在干燥的地下挖洞筑巢，约 100 只组成一个大家庭，共同生活。在这个大家庭中，有“巢穴守护者”“食物搜寻员”等各种各样的专职成员，其中还有一个非常奇特的岗位，那就是**用身体来温暖幼崽的“肉垫保育员”**。

地下隧道的温度和湿度比较稳定，一年四季几乎没什么变化。因此，裸鼹鼠的**体表几乎没有毛，保持恒温的机能也退化了**。可是，新生的幼鼠很脆弱，对它们来说，隧道里实在太冷了，幸好有充当肉垫的保育员用身体给它们取暖。一只只幼鼠依偎在保育员身上，挤挤挨挨，看着就让人备感温暖。

生物名片

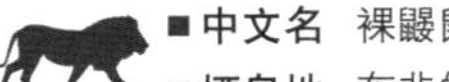

哺乳类

■**中文名** 裸鼹鼠
■**栖息地** 东非的地下
■**大小** 体长约 8.5 厘米
■**特点** 用露在嘴外的大门齿挖洞

蛱蝶最喜欢吸食腐尸的汁液和粪便

并非所有的蝴蝶都喜欢采食花蜜。有些蝴蝶喜欢吸食树木或果实的汁液，还有些蝴蝶口味奇特，它们**偏爱动物尸体流出的汁液和粪便**。尤其是蛱蝶，这是它们的最爱。

蛱蝶可以用吸管一般的口器吸食坚硬的粪便，诀窍在于掌握了一种特殊的技能：它们会将自己的唾液或尿液注入粪便中，使其软化成浆糊状，然后再吸食。

尽管吃法很讲究，可蛱蝶的口味让人很难昧着良心说它们是美食家。不过，对蛱蝶来说，粪便也是珍贵的营养来源。尸体和粪便中富含氨素等物质，蛱蝶摄入后，可以补充营养，保持身体的健康活力。

生物名片

昆虫类

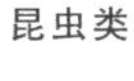

- **中文名** 细带闪蛱蝶
- **栖息地** 亚欧大陆的森林
- **大小** 前翅展开长 5.5 ～ 7 厘米
- **特点** 幼虫以柳叶为食

伶鼬勇于挑衅巨敌，但有时反被吃掉

伶鼬（yòu）娇小可爱，体重很轻，一般为 50 ~ 150 克。

与外表截然不同的是，伶鼬性情凶猛，即使面对远比自己庞大的猎物，依然能够冷静地发起挑战。它们有时**会扑向体重相当于自己 50 倍的野兔**；有时**会跳入河中，疯狂地撕咬鸥鸟，简直是“食”胆包天**。

不止于此，它们甚至敢去挑衅（xìn）鹭这样的大型食肉鸟。不过，拜这种过于莽勇的性格所赐，有时候，**主动进攻的伶鼬反而会沦为对方的口中餐**。另外，有证据证实，曾经有伶鼬在捕食时跳到了振翅逃飞的鸟儿背上，结果就这样骑着鸟飞到了另一个地方，真是让人哭笑不得。

生物名片

哺乳类

- **中文名** 伶鼬
- **栖息地** 亚欧大陆和北非的森林
- **大小** 体长约 20 厘米
- **特点** 每到冬季，就会换上一身雪白的毛

①找碴儿(chár)

山羊看见纸就想吃，吃完后会闹肚子

日本童谣《山羊先生的信》里唱道，“山羊把信吃掉啦”，这句话并非仅存于童谣世界中。在现实中，**如果你拿着纸在山羊面前晃悠，它们也会张嘴吃下去。**

野山羊生活在干旱地区或高山上，那里环境恶劣、植被稀少。为了填饱肚子，它们不只吃青翠的叶子，**也会吃枯叶或树皮等。**

早期的纸是用植物纤维制成的，山羊吃下去也能消化。可是，**今天的纸中含有化学纤维，而且往往会印上油墨，山羊吃下去很难消化，会闹肚子。**因此，就算山羊看到纸张，“咩咩”地叫唤着想要吃，也请不要喂它。

生物名片

哺乳类

- **中文名** 山羊
- **栖息地** 在世界范围内被作为家畜饲养
- **大小** 肩高约 80 厘米
- **特点** 许多孤岛上生活着被人类放养、再野生化的山羊

红蚁会兴奋地把敌人带回家

蚂蚁爱吃甜食，红蚁更是嗜（shì）甜成瘾，它们**最爱的美食是胡麻霾（mái）灰蝶幼虫分泌的甜汁**。这种甜汁实在太美味了，于是红蚁会用嘴巴将胡麻霾灰蝶幼虫衔回巢穴，想吃的时候就用触角拍拍它，使其背腺分泌甜汁。

然而，胡麻霾灰蝶的幼虫恰恰以蚂蚁的卵和幼虫为食。也就是说，红蚁**亲自把敌人请回家中做客，全然不知它们会吃掉自己的孩子**。

而且，胡麻霾灰蝶幼虫会用身体盖住蚂蚁幼虫，所以红蚁很难注意到自己的孩子正在被吃掉。看来，昆虫也会引狼入室啊！

生物名片

昆虫类

- **中文名** 小红蚁
- **栖息地** 东亚的森林
- **大小** 体长约 5 毫米
- **特点** 中后足上长有刺，呈梳齿状

海象对付不了鱼刺

海象是水族馆的明星成员，很受大家欢迎。它们长得膘（biāo）肥体壮，给人以吃饭豪爽的感觉，可实际它们在吃饭这个问题上**有难言之隐——对付不了鱼刺**。

野生海象以柔软的贝类为主食。它们用嘴巴贴住贝壳开合的缝隙，如吸尘器一般把贝肉吸出来。或许正是因为养成了这种吸食的习惯，久而久之，海象再也难以消化坚硬的食物了。

为此，水族馆的**工作人员会细细剔除较大的鱼刺，将鱼肉切成块再喂给海象**，就像做辅食喂婴儿一般精心地照顾它们。

生物名片

哺乳类

- **中文名** 海象
- **栖息地** 北冰洋周围海域的冰面上或岸边
- **大小** 体长约 3 米
- **特点** 用巨大的獠牙迎战北极熊等天敌

树鼩每天都玩命地喝酒

在马来半岛，生长着一种**可以产酒的椰树**。这种椰树长年开花，花蕾中的花蜜在野生酵母的作用下会自然发酵，变成含有酒精的酒。

有如此天然佳酿，嗜酒如命的小家伙——树鼩当然不能错过。无论白天还是夜晚，总有各种树鼩造访花蕾，络绎不绝。它们尽情畅饮，**每天的饮酒量换算到人类身上，足以让人酩酊大醉、无力站起**，可树鼩却安然无恙。原来，它们的肝脏拥有超强的分解酒精的能力，使其可以“千杯不醉”。

而椰树之所以用酒将树鼩引诱过来，是为了**借助它们来传播花粉**。如果以为椰树只是傻傻地白请动物喝酒，可就大错特错了。

生物名片

哺乳类

■**中文名** 普通树鼩
■**栖息地** 东南亚的森林
■**大小** 体长约 18 厘米
■**特点** 虽然长得像松鼠，在分类上却更接近猿猴

双吻前口蝠鲼会用肚皮拍水来示爱

喜欢游泳的同学想必有过这样的经历：下泳池前想来个漂亮的跳水，结果肚皮拍在了水面上，伴随“啪——！”的一声巨响，痛得龇（zī）牙咧嘴。让人惊讶的是，双吻前口蝠鲼（bīfèn）正是**用这啪啪声来表白**。

雄鱼会几千只一起组成求偶大部队，**集体表演跳高，最高可跃出海面 2 米，并且持续 3 个小时以上**。

这时，雌鱼会靠上前来围观，**确认谁是“啪”得最响的男子**。雄鱼发出的声响越大，越能证明自己身强体壮、活力四射，也就越容易博得雌鱼的青睐，赢得美人归。

生物名片

软骨鱼类

- **中文名** 双吻前口蝠鲼
- **栖息地** 东太平洋的浅海区域
- **大小** 体宽约 2.2 米
- **特点** 头部前端长有像犄角一样的头鳍（qí）

突眼蝇帅不帅全看眼间距够不够大

突眼蝇的眼睛长在头部伸出的两根长柄上。这样一双独特的眼睛可以帮助突眼蝇开阔视野，不过**它还有另外一个重要的作用，那就是决定雄蝇的帅气程度**。

两只雄蝇狭路相逢时，它们会相互比较，目测谁的眼间距更大。如果间距差不多，双方就会**头挨头、眼对眼，零距离接触，互相瞪眼，一决胜负**。

大千世界无奇不有，评判胜负的标准也是五花八门。而在突眼蝇界，**双眼间距更大的雄性注定是胜出的一方**。

生物名片

昆虫类

- **中文名** 达氏曲突眼蝇
- **栖息地** 东南亚的森林
- **大小** 体长约 1.5 厘米
- **特点** 雌蝇比美看体形，而非眼间距，体形较大的一方会胜出

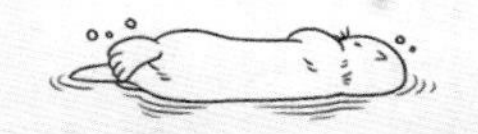

火烈鸟单脚站立是因为水里太凉

火烈鸟以其单脚站立的优雅身姿闻名于世。至于它们为什么会单脚站立，有两种解释。

一种说法是，**单脚站立更轻松**。这种站姿虽然看上去很难保持平衡，其实却出乎意料地稳，而且累了的话，双脚可以轮换着休息。

还有一种说法是，**站在水里太冷了**。火烈鸟以小鱼小虾、蓝藻等为食，平常栖息在湖滨的浅滩上。脚一直浸在水里实在太冷了，于是它们**双脚交替着站立，缩起来的一只则可以窝在腹部取暖**。

也许你会说，怕冷的话，从湖里上岸不就好了吗？可是，对火烈鸟来说，**与其跑到天敌四伏的陆地上，还不如在湖里受冻呢！**

生物名片

鸟类

- **中文名** 大红鹳（guàn）
- **栖息地** 非洲及印度的湖滨或海岸
- **大小** 全长约 1.3 米
- **特点** 用边缘呈锯齿状的弯喙（huì）过滤出蓝藻吃下

狐獴爱吃有毒的危险生物

生活在沙漠地区的狐獴（měng）**特别喜欢吃有毒的生物**，比如蝎子、蜈蚣、蛇等。

这些猎物虽然危险，但在食物稀缺的沙漠，却是宝贵的食材。狐獴的幼崽**从小就接受斯巴达教育**[①]，**被迫与受伤较弱的蝎子对抗**，直到可以轻松制胜。不过不必担心，对狐獴来说，蝎子的毒难以奏效，即使被刺中，也不会中毒身亡。

不过，对毒素免疫并不意味着总能克敌制胜。狐獴如果单打独斗、一味地强攻黄金眼镜蛇，有时也会遭到反杀。

①一种以军事体育为主的古希腊教育，用残酷的训练方法和艰苦的生活条件磨炼青少年。

生物名片

哺乳类

- **中文名** 狐獴
- **栖息地** 南非干燥的平原或草原
- **大小** 体长约 30 厘米
- **特点** 会踮起后脚站立，警戒周围的情况

蚊子其实并不想吸血

蚊子堪称是人类的宿敌。可实际上，**蚊子并非以吸血为生**。

蚊子平常以花蜜和树汁为主食，**吸血的只是产卵前的雌蚊子**。为了顺利生产，雌蚊子必须吸食鲜血来补充蛋白质等营养。

吸血后，蚊子的身体会变重，行动迟缓了不少，被蝙蝠吃掉等危险性会大大提高。此外，为了消化血液，蚊子必须冒着被拍死的风险静静地待在一处，因此，吸血对蚊子来说并不都是好事。

而人类看到蚊子，总是二话不说就要置其于死地，这样一来，**无辜遭殃的是那些从不吸血的雄蚊子**。

生物名片

昆虫类

■ **中文名** 白纹伊蚊

■ **栖息地** 热带到温带的森林和民家

■ **大小** 体长约 4.5 毫米

■ **特点** 叮人吸血会传播登革热、黄热病等传染病

日本狼进食前，会先在猎物的尸体上撒尿

日本狼是日本特有的狼种，曾经广泛分布在日本本州、四国和九州，长期以来，种群生态一直比较稳定。

江户时代（1603 ~ 1868 年）出版的日本百科全书《和汉三才图会》中记载：“狼见尸体，必先跃于其上，**尿之而后食**。”有人认为，日本狼这样做是在给食物做标记，这么说来想必日本狼**对气味很敏感**，难道它们不介意吃下散发着尿味的食物吗？

遗憾的是，1905 年，人们证实，日本狼已经从世界上彻底消失了，而关于日本狼的种种真相，将永远埋葬在黑暗之中。

生物名片

- **中文名** 日本狼（已灭绝）
- **栖息地** 日本的森林
- **大小** 体长约 1.2 米
- **特点** 全世界仅存 4 具标本

哺乳类

吉丁虫喜欢在火灾现场产卵

在日本，曾有这样一句话广为流传："火灾和打架是江户的两大景观①。"不过，有一种生物比江户人还要关心火灾，那就是吉丁虫。利用触角和胸部的感受器，吉丁虫能够敏锐地感知树木燃烧产生的烟雾，察觉方圆 50 千米内发生的火灾，并迅速飞往火灾现场。

当然，吉丁虫可不是去看热闹的。**赶到现场后，它们会立刻交尾**。听起来似乎有点草率，可这也是为了抓紧时机在刚被烧毁的树木上产卵。火灾时，**食卵动物四散而逃，因此产下的卵反倒十分安全。**

①德川幕府时代（17 ~ 19 世纪），江户（今天的东京）人口稠密，木屋连片，防火落后，火灾频发。加之当时天下太平，各藩驻扎的武士无所事事，整日寻衅斗殴，于是有了这一说法。

生物名片

昆虫类

- **中文名** 迹地吉丁虫
- **栖息地** 亚欧大陆及北非的森林
- **大小** 体长约 1.1 厘米
- **特点** 尾部末梢尖尖的

海底热液口蟹喜欢温泉，却又怕热

海底热液口蟹生活在能喷出超过 300℃热泉的海底火山附近。

如此听来，想必它们的身体应该极为耐热，可实际上，海底热液口蟹**一旦浸入热水中，就会死去**。深海的水只有 2℃左右，寒冷如冰，热泉喷出后会立刻冷却。海底热液口蟹便徘徊在 10℃ ~ 20℃的微温地带，与海底火山保持绝佳的距离。

海底热液口蟹宁可冒着被高温煮熟的危险，也不肯远离火山，是为了吃到栖息在附近的管虫。或许每次上前捕食的时候，它们都会在心里哀叹：温度太高减寿，又要以命换食了！

生物名片

甲壳类

- **中文名** 海底热液口蟹
- **栖息地** 西太平洋的深海海底
- **大小** 甲壳宽约 4.5 厘米
- **特点** 由于长期生活在黑暗的深海，眼睛凹陷、退化

鲸头鹳似乎要呆立到地老天荒

大型鸟鲸头鹳因为总是一动不动而闻名于世。它们不会像其他鸟禽那样动作敏捷地捕食昆虫或鱼类，而是采用一种与众不同的战术：**一动不动地融入风景，瞄准时机下口**。

鲸头鹳喜欢吃一种名叫“肺鱼”的大型鱼，而它们捕鱼的方法便是：**一直等到鱼儿冒出水面**。即使下大雨，它们依然会呆呆地凝视着水面，静待时机，俨（yǎn）然是在践行德川家康（日本战国名将）那句关于忍耐的名言：杜鹃不鸣，则待其鸣。

而消化食物也需要花费一定的时间，因此鲸头鹳在进食之后，会继续保持纹丝不动，静待消化。

生物名片

鸟类

- **中文名** 鲸头鹳
- **栖息地** 非洲中东部的湖沼地带
- **大小** 全长约 1.5 米
- **特点** 雄鸟会用喙发出“咔嗒”声来邀请雌鸟

长颈鹿会用舌头挖鼻屎

说出来或许你会感到意外，事实上，**除了人类，其他动物都只会用鼻子呼吸**。它们的嘴巴只能用来吃东西，无法呼吸。长期用鼻子呼吸，鼻腔内分泌的黏液与吸入的灰尘不断结合，导致**鼻屎大量积存，一旦堵塞了鼻孔，就会致死。**

虽然鼻子很少会被堵塞，但鼻屎堆积在鼻腔里难免让人在意。人们已经证实，手指灵活的动物，比如猴子，都是用手指挖鼻屎的。

那么，用四条腿走路、脚趾不够灵活的长颈鹿要怎么解决这个问题呢？它们**将长长的舌头伸进鼻孔，把鼻屎舔得干干净净**。这是只有舌头长近 50 厘米的长颈鹿才能掌握的独家绝技。

生物名片

哺乳类

■**中文名** 长颈鹿
■**栖息地** 非洲的草原
■**大小** 体长约 4.3 米
■**特点** 雄性之间会用长长的脖子和腿激烈肉搏

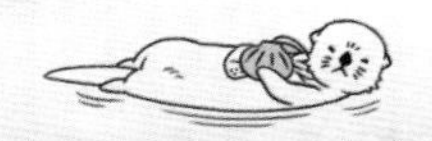

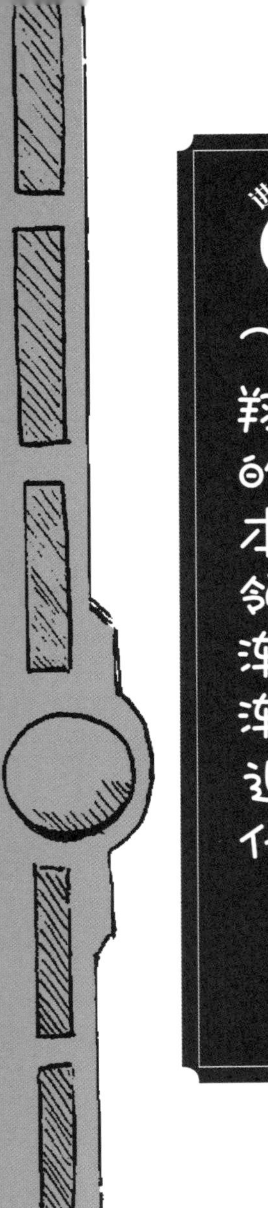

进化之门 1

企鹅一门心思钻研游泳，飞翔的本领渐渐退化

大家好，自我介绍下，我是帝企鹅。
我可以在大海中飞快地穿梭；
我的身体里储存着厚厚的脂肪，
根据季节需要，
体脂率有时甚至超过 40%！
我的骨骼致密坚实，
鳍翅也强壮有力。
所以呀，我在陆地上行动慢悠悠的，
步行时速只有 2 千米左右……
最遗憾的是，
我明明是鸟类，却无法在空中飞翔。
隆冬时节，南极大陆一片冰天雪地。
如果我会飞，就能轻松自如地
照顾宝宝，带它活动了吧。
可是，为什么我后来不会飞了呢？

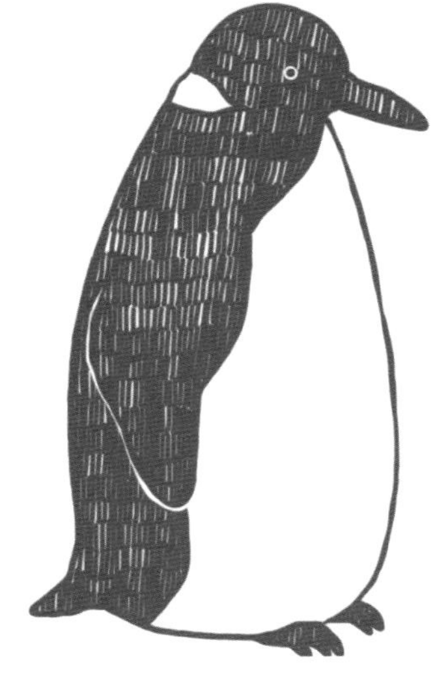

生活在南半球的企鹅祖先，没有哺乳类天敌。
真是一片祥和啊！
呼～
飞翔会消耗大量的能量，因此企鹅的祖先能不飞就不飞……
还挺累的……
似乎没必要往天上逃跑？
在这里，提升泳技比练习飞翔更有助于生存。
嗖
想要游得快，还是要划动翅膀！
胖子更耐寒，能在冰冷的水中穿梭自如，潜入更深处。
后来，企鹅的子孙身体变重、翅膀退化，再也不会飞了。

第3章

让人遗憾的身体

本章介绍的生物，
都会让你忍不住发问：
“它们的身体怎么会变成这样？”

翻页动画小剧场

发现同伴！
要不要过去打个招呼？

剑龙的脑子和章鱼小丸子差不多大

剑龙是一种体形堪比小型卡车的恐龙，全长 9 米左右，体重达 3 吨。然而，它们的**脑子只有章鱼小丸子那么大，重量约 30 克，仅占体重的 0.001%**。作为对比，人类成年男子的大脑重约 1400 克，由此可以想象得出剑龙的脑子究竟有多小了吧！

不过，**这般大小的脑子在食草恐龙中算是标准尺寸**。昔日，人们一直**坚信恐龙是一种呆头愣脑、行动迟缓的生物**。虽然不能简单地认为脑子小＝脑瓜笨，但考虑到它们的脑子和章鱼小丸子差不多大，这种看法也不是毫无道理。

生物名片

爬行类

- **中文名** 剑龙（已灭绝）
- **栖息地** 北美、欧洲
- **大小** 全长约 9 米
- **特点** 背上长有剑一般的骨质板，因此得名

猪其实很瘦，却被人叫成胖猪

“体脂率”是身体脂肪重量占总体重的百分比，是判断是否肥胖的重要指标，普通人的体脂率在 20% 左右。让人惊讶的是，**猪的体脂率竟然不到 15%，新生的小猪崽体脂率更是低至 2%**。乍听起来或许很难相信，不过仔细一想，我们平时吃的猪肉大部分都是红色的肌肉，也就能明白猪体内的脂肪含量其实并不高。

这么看来，嘲笑肥胖的人是猪，不仅伤害他人、有失礼貌，而且纯属偏见。**猪的身材相当于人类中的模特**，小猪崽更是瘦得像木乃伊一样。

生物名片

哺乳类

- **中文名** 家猪
- **栖息地** 被作为家畜广泛饲养
- **大小** 体长约 1 米
- **特点** 虽然有牙，但大部分在幼年时就脱落了

小龙虾 从脸部排出小便

栖息在河流或池塘中的生物，为了避免身体吸水膨胀，大多需要不停地排出体内的水分，也就是说，每天要排出大量的小便。

小龙虾的头部长有一对长触角，每根长触角的基部各有一个排泄孔，尿液便是从这里排出的。至于小便为什么会从脸部排出，那是因为**虾蟹类动物的输尿管位于口部和大脑之间**。这种构造有些奇特，不过，小龙虾的**大便还是规规矩矩地从屁股后面的肛门排出的**。

当你抓住小龙虾时，有时会有一股水流“咻”地射出来，那应该是**小龙虾被吓尿了**。

生物名片

甲壳类

- **中文名** 克氏原螯虾
- **栖息地** 北美、欧洲、东亚等地的池塘或河流
- **大小** 体长约 12 厘米
- **特点** 最初被作为牛蛙的饵料引进日本，后来扩散至东亚

鳄鱼的性别是由温度决定的

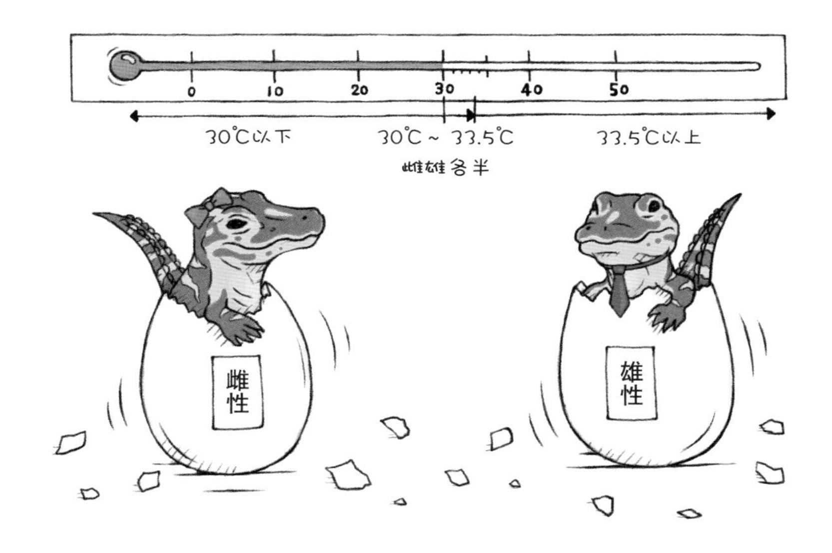

人类的性别是由基因决定的，而鳄鱼的性别则取决于孵化温度。

例如，美国短吻鳄在**30℃以下孵化的卵全部为雌性，33.5℃以上孵化的全部为雄性，在两者之间孵化的可能是雄性，也可能是雌性**。原来，鳄鱼等古老的生物体内没有决定性别的染色体，需要经过一条复杂的信号通路才能合成性别基因。鳄鱼的胚胎内有一种蛋白，能根据温度激活信号，使通路发生变化，最终表现为不同的性别。

因此，**如果全球气候持续变暖**，导致地表温度逐渐上升，那么长此以往，**孵化出来的只有雄性鳄鱼**，也就是说，**鳄鱼有可能会灭绝**。

生物名片

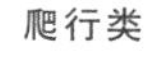

爬行类

- **中文名** 美国短吻鳄
- **栖息地** 美洲的沼泽或河流
- **大小** 全长约3米
- **特点** 会收集岸边的落叶筑巢产卵

皇带鱼即使失去半截身子，也无伤大体

皇带鱼是一种深海鱼，栖息在水深 200 ～ 1000 米的地方。它们身体细长，**体长最大可达 11 米**，全身裸露着亮银色的皮肤（鳞片极易脱落）。因为长了一头红发般的鳍，它们**被日本人视为传说中美人鱼的原型**。

皇带鱼的身体从头到尾越来越细，这是因为**内脏等要害器官都集中在前半身**。和蜥蜴一样，在危及性命的紧要关头，它们也会牺牲掉尾巴，以逃脱敌人的魔爪。

实际上，断尾逃生的情况经常发生，以至于尾巴完整的成年皇带鱼十分罕见。**即使身体的后半部分被吃掉也无所谓**，这种弃车保帅的胆略简直无人能及。

生物名片

硬骨鱼类

- **中文名** 皇带鱼
- **栖息地** 广泛分布于热带深海
- **大小** 全长约 6 米
- **特点** 直立着身体游动，好似要升上水面

嘿嘿，身体少半截，
根本算不上事。

雄驯鹿的角到圣诞节时已经脱落了

驯鹿是鹿的同类，生活在芬兰等寒冷的国度，因给圣诞老人拉雪橇的传说而闻名于世。然而实际上，**在冬天给孩子们运送礼物的，不可能是身强体壮的雄驯鹿。**

圣诞老人的雄驯鹿长有漂亮而发达的角，但在现实中，**雄驯鹿的角每年春天长出，过了秋天就会脱落**。也就是说，在圣诞节期间，雄驯鹿是没有角的。

不过，雌驯鹿即使到了冬天，角也不会脱落。怀了身孕的它们需要用角来挖开积雪，寻找食物。因此，传说中**拉着载满礼物、沉甸甸的雪橇飞驰的，说不定是柔弱的雌驯鹿呢！**

生物名片

哺乳类

- **中文名** 驯鹿
- **栖息地** 北极圈周围的森林或平原
- **大小** 体长约 1.7 米
- **特点** 在鹿的同类中，只有驯鹿雌性也长角

蜜熊会不自觉地吐舌头

蜜熊是浣熊的同类，生活在森林里的树上。它们赖以生存的食物是甜甜的果子和花蜜等，发现牛油果或番石榴的话，它们会用两只前爪抱住果子，舔食果肉。

这时，**长约 13 厘米的舌头**便派上大用场了。不仅如此，蜜熊的长舌非常灵活，**花蕊深处的蜜也能轻松舔食**。

有趣的是，蜜熊在休息放松时，**会不自觉地把舌头吐出老长**。不过，这并不表示讨厌或者蔑（miè）视，只是相较于蜜熊的小脸，舌头实在太长了。**吐舌“卖萌”，恰恰是它们心情闲适的信号**。

生物名片

哺乳类

■**中文名** 蜜熊

■**栖息地** 墨西哥到巴西的森林

■**大小** 体长约 55 厘米

■**特点** 会用长长的尾巴卷住树枝，吊在树上

小山雀领带越宽越受青睐

动物界中，雄性吸引雌性的条件五花八门。作为人类的我们有时很难理解，甚至无法想象。在小山雀的圈子里，受欢迎的规则似乎是：**从胸前延伸至腹下的黑色“领带”越宽，越受欢迎**。

可是，雌雀的领带明显比雄性宽，但不同雄性个体的领带宽度并没有太大差距。国外的一项研究发现了非常有趣的结果。研究人员抓来了黑纹领带较细的雄雀，**用墨水把黑纹涂宽**，然后将其放回鸟群，**结果这只雄雀在异性中竟然变成了备受欢迎的“男神”！**

据此似乎可以证实，对小山雀来说，领带即正义。

生物名片

鸟类

- **中文名** 小山雀
- **栖息地** 东亚、欧洲及北非的平地或森林
- **大小** 全长约 15 厘米
- **特点** 鸣声有多种变奏

双锯鱼
最大的雄鱼会变性

双锯鱼喜欢藏身于海葵的体腔中保护自己。通常，一株海葵周围栖息着一群双锯鱼，而**整个鱼群中只有一条雌鱼**，**其他全是雄鱼**。

那么，这唯一的一条雌鱼是从哪里来的呢？你绝对想不到——竟然**是雄鱼变性而来的**，鱼群中体形最大的雄鱼会变成雌鱼，然后和鱼群中的第二大雄鱼结为夫妻，繁衍后代。

它们将卵产在海葵栖息的岩壁上，一同守护幼鱼孵化。在双锯鱼的世界里，**生孩子是体形王者才有的特权**。

生物名片

硬骨鱼类

■ **中文名** 双锯鱼
■ **栖息地** 西太平洋到东印度洋的珊瑚礁区
■ **大小** 全长约 9 厘米
■ **特点** 体表大多呈黄底白纹，也有个别是黑底白纹

獾㹢狓的身体油光水滑

獾㹢狓（huòjiāpí）生活在全年高温潮湿的热带雨林。大部分哺乳动物都不喜欢体毛湿答答的感觉，因为那会导致体温下降。獾㹢狓也不例外。它们的身体**会分泌富含油脂的体液，能有效防止身体被雨水沾湿**。

獾㹢狓的身体一直出油，**用手去摸的话，会沾上一手黏糊糊的巧克力色液体**。这种液体其实主要是顺着身体流下的雨水，只不过被獾㹢狓的体液染成了茶色，变得黏稠。

獾㹢狓因其美丽的皮毛被称为“森林贵妇”，不过就它那油光锃（zèng）亮的茶褐色身体而言，称之为“**森林健美小姐**”似乎更贴切。

生物名片

哺乳类

- **中文名** 獾㹢狓
- **栖息地** 非洲中部的森林
- **大小** 体长约 2.1 米
- **特点** 腿部有像斑马一样的白色横纹

安哥拉兔因为毛太多而时常面临生命危险

安哥拉兔看起来就像裹在一个巨大的棉花糖里，可爱极了。有些安哥拉兔的**毛过于浓密细长，以至于挡住了面部，只能看到嘴巴**。原来，人们为了采集兔毛，对安哥拉兔进行了品种改良。经过改良，安哥拉兔的毛长得又长又密，而且长速飞快。

可是，兔子会舔舐梳理自己的毛，有时会将毛吞入腹中，吐不出来。久而久之，**兔毛会在肠道中积结成球，引起消化问题**。

安哥拉兔的情况则更加严重。它们被毛很长，堆结的毛球要大得多。因此，如果毛过于浓密，安哥拉兔很容易有生命危险。

生物名片

哺乳类

- **中文名** 安哥拉兔
- **栖息地** 在全世界范围内被作为家畜饲养
- **大小** 体长约 50 厘米
- **特点** 从穴兔被驯化为家兔

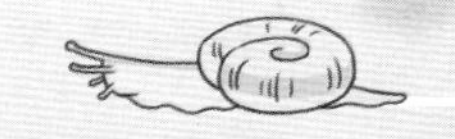

抹香鲸脑袋虽大，里面装的全是油

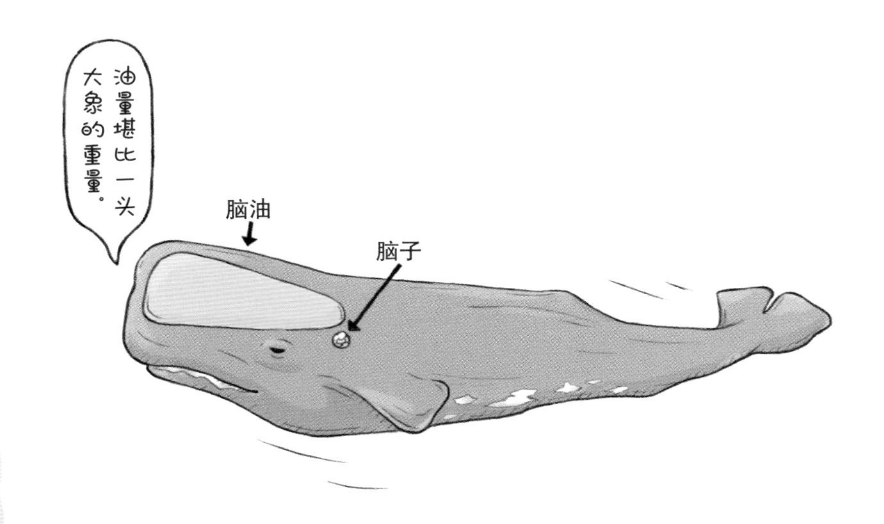

抹香鲸的头部特别大，其中**脑子的重量约 8 千克，在动物界中高居第一**。不过，抹香鲸的头部虽然大，**可里面几乎被“脑油”填满了**。

脑油对抹香鲸意义重大。抹香鲸通过收发超声波来探知周围情况。脑油还可能起到透镜聚焦的作用，可以强化超声波，使其威力倍增，据说能够震昏鱼类。此外，**脑油还分担一部分鱼鳔（biào）的功能**，抹香鲸能通过增加局部血流量或吸入冰冷海水的方式，让脑油融化或凝固来改变比重，帮助自己在水中下潜或上升。

如此看来，抹香鲸的脑子虽然很大，但在存在感十足的脑油面前，就显得微不足道了。

生物名片

哺乳类

- **中文名** 抹香鲸
- **栖息地** 全世界不结冰的海域
- **大小** 体长约 13 米
- **特点** 睡觉时会头朝上立起身子，贴近海面，以便换气

扁面蛸身为章鱼，却腿短、不会喷墨

章鱼也叫蛸（shāo）。提起章鱼，我们的脑海中就会浮现出它们挥舞 8 条长长的腕足、张嘴喷墨的样子，可是，**这两大武器在扁面蛸这里都退化了。**

生活在深海中的扁面蛸，以栖息在海底泥中、个头迷你的钩虾为食，因此，它们**不需要用长长的腕足缚住猎物**。而且深海漆黑一片，**也不需要用喷墨来干扰敌人的视线。**

久而久之，扁面蛸的体形最后变得像 UFO 一样，腿短短的，胴（dòng）体小小扁扁的。如果上陆，柔软的胴体会瘫成一摊，完全撑不起来。

生物名片

头足类

- **中文名** 扁面蛸
- **栖息地** 太平洋的深海
- **大小** 全长约 20 厘米
- **特点** 头上长有像耳朵一样的鳍，用来转换方向

无齿翼龙的双翼很容易破损

无齿翼龙是一种会飞的大型爬行动物，生活在距今约 8000 万年前。那时，它们整天张开巨大的双翼，在海面上悠然飞翔，捕食鱼类。

无齿翼龙虽然体形不小，却很轻盈，和中型犬差不多重。托起这副身躯的巨大双翼由一层薄薄的皮膜构成，而且没有骨骼分区。因此，一旦皮膜上破了一个洞，有可能整个翅膀都会裂开。

这简直和鸟人大赛①上初次登场的滑翔机一样脆弱。而无齿翼龙能在恐龙繁盛的中生代，以王者的姿态雄霸天空，想来它们的双翼里还潜藏着什么强大的秘密吧。

①希腊神话中，伊卡洛斯用蜡和羽毛做成翅膀飞离孤岛，被视为飞行先驱。后人举办鸟人大赛来满足对飞翔的渴望，参赛者须乘自制飞行装置，从高台跃下，飞越水面。

生物名片

爬行类

■ **中文名** 无齿翼龙（已灭绝）
■ **栖息地** 美洲
■ **大小** 翼展约 8 米
■ **特点** 没有牙齿，囫囵吞食鱼类

狮子一到热天就会体弱乏力

提起雄狮，想必大家就会联想到它们颈部成簇的鬣（liè）毛，那是雄狮独有的特征。**鬣毛能够彰显雄狮的强大威武，在遭到其他雄狮攻击时，还可以保护颈部这一要害部位**，免受致命伤害。

可是，如果天气太热，披散着鬣毛反而不利。浓密的鬣毛如同围脖一般，**具有保温作用，会导致雄狮体热乏力**，无法战斗。

因此，每当高温湿热的夏季来临，肯尼亚察沃（Tsavo）国家公园里的雄狮就会集体脱去鬣毛，**脑袋变得和脱发的老爷爷一样**。

生物名片

哺乳类

- **中文名** 狮子
- **栖息地** 非洲、印度的草原
- **大小** 体长约 2.4 米（雄狮）
- **特点** 母狮负责狩猎，有些雄狮偶尔也会帮忙

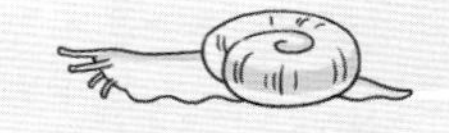

麝雉
越兴奋就越臭

麝（shè）雉是**唯一以树叶为主食的鸟类**。它们之所以能特立独行，得益于喉部长有发达的嗉（sù）囊。**嗉囊内有大量微生物，可以分解和发酵树叶**，使其中的营养易于吸收。

但是，发酵会产生大量气体，导致麝雉**浑身散发出臭如牛粪的味道，兴奋起来时，更是奇臭无比**。而且麝雉的嗉囊又大又重，却没有长出能够支撑身体飞翔的强劲肌肉。

空有一双大大的翅膀，**振翅的力量却孱（chán）弱如鸡**。没有飞逃的本领，如果再没有臭气驱敌，麝雉恐怕只能任人宰割了。

生物名片

鸟类

■**中文名** 麝雉
■**栖息地** 南美的森林
■**大小** 全长约 60 厘米
■**特点** 雏鸟每只翅膀上长有 2 只翼爪

僵尸蜗牛被寄生后会『脱胎换骨』

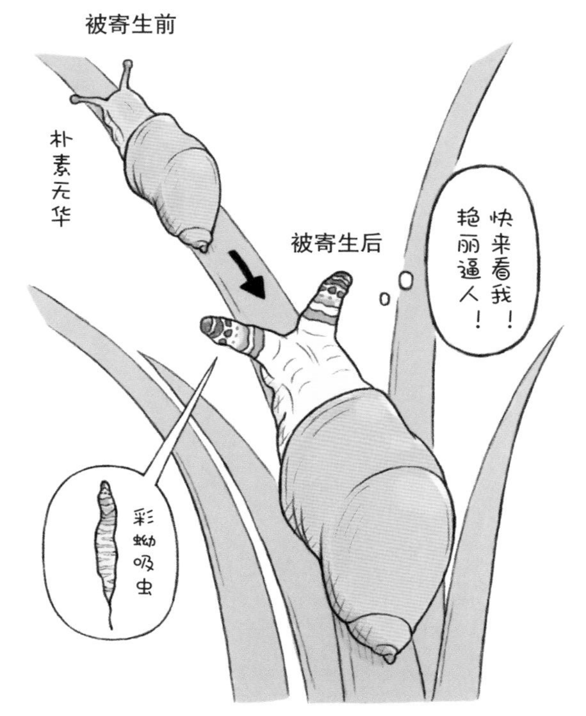

僵尸蜗牛是一种陆生螺，从广义上来说是蜗牛的一种。它们**平常靠吃腐叶默默度日**，可一旦被彩蚴吸虫寄生，就会摇身一变：**触角肿胀起来，长出绿色花纹**，像霓虹灯一样闪烁；习性也会大改，从不喜阳光**变得喜欢在光线明亮的地方活动……**就像脱胎换骨一般，华丽变身了。

可是，**变得显眼更容易遭到鸟类啄食**。也许彩蚴吸虫操控僵尸蜗牛的身体，就是想让鸟发现并吃掉它，以便自己在鸟的体内产卵吧！

生物名片

腹足类

- **中文名** 华美琥珀螺
- **栖息地** 日本及库页岛的水边
- **大小** 壳高约 2.5 厘米
- **特点** 不仅是鸟类的食物，也是陆生萤火虫幼虫的食物

鹦鹉螺空有 90 多条腿，却不会行走

鹦鹉螺被称为“活化石”，从 4 亿 5 千万年前的古生代到现在，模样几乎没变。据说，当时的鹦鹉螺体形巨大，是海洋中最凶猛的食肉动物之一。如今它们**以小鱼小虾为食**，低调得让人意外。

用餐时，鹦鹉螺的 90 多条腿便一起忙活起来。它们用腿缠裹住猎物，然后吞食，还会用腿贴住礁石，固定身体。**长了 90 多条腿，想必游速很快，其实不然**。鹦鹉螺不是用脚来移动的，而是利用漏斗（章鱼等头足类特有的器官）喷水的反作用力，推动身体行进。

鹦鹉螺看起来很像海螺，**却是乌贼、章鱼的同类**，其行进方式就是最有力的证明。

生物名片

头足类

- **中文名** 鹦鹉螺
- **栖息地** 印度洋到太平洋的热带海域
- **大小** 壳直径约 20 厘米
- **特点** 触手有味觉，能通过碰触感知味道

鸽子仰躺时无法动弹

在公园或海边，常常能看到鸽子不紧不慢地悠闲踱步，但如果**将其仰面朝天放在手心里，它们就会像静物一般定住，无法动弹**。

鸽子的这一行为被人们认为是在装死。它们的应敌战术大概是这样的：一旦被敌人抓住，便静止不动，暂且放弃无谓的抵抗，**待敌人放松警惕时，再乘机跑路**。

魔术师们很早就注意到了鸽子的这种行为。他们把鸽子仰放在箱子里、手帕里、胸前口袋里，无论放在哪里，鸽子都会乖乖不动。从一千多年前起，鸽子就是魔术师的最佳拍档，它们和魔术师一起，带给了人们无数欢乐。

生物名片

鸟类

- **中文名** 原鸽
- **栖息地** 广泛分布在平原及海边
- **大小** 全长约 35 厘米
- **特点** 被视为和平的象征

管虫没有嘴巴也没有肛门

管虫栖息在深海海底的热泉喷口附近，虽然很容易就能分辨出它们是动物，可**它们没有动物该有的嘴巴和肛门**。更让人费解的是，它们**居然什么也不吃**。

不过，只要是生物，就必须想办法摄取营养。管虫会**用鳃吸入海底冒出的剧毒物质硫化氢，让寄生在体内的微生物将其分解成营养**。

由于不需要摄食和排便，管虫既没有嘴巴，也没有肛门，就像从岩石上长出来的植物似的。

生物名片

沙蚕类

- **中文名** 加拉帕戈斯管蠕虫
- **栖息地** 加拉帕戈斯群岛附近的深海
- **大小** 体长约 1.5 米
- **特点** 有雌雄之分，会将受精卵排入大海

尖牙鱼因为龅牙太长而合不拢嘴

深海广阔无际，但栖息的生物并不多。**食物匮乏**，想在这里生存下去，**必须拥有一颗勇敢无畏、不挑食的心**，见到什么就吃什么。

尖牙鱼的一口长牙将吃货精神发挥得淋漓尽致：珍贵的猎物，遇见了我，就休想逃走！即便是体形和自己相差无几的大型鱼，**尖牙鱼只要咬住了，就会用牙齿牢牢地锁住对方**，不给猎物一丝逃走的机会。

不过，由于“龅（bào）牙”太长，尖牙鱼**完全合不拢嘴**，这也成了它们的弱点。有时候，**到嘴的小鱼会从半开半闭的嘴巴中溜走**。

①日本民间传说中阎王的手下，头长犄角，口生獠牙，腰系兜裆布，挥舞大铁棒，彪悍凶猛。

生物名片

硬骨鱼类

- **中文名** 尖牙鱼
- **栖息地** 热带到温带的深海
- **大小** 全长约 18 厘米
- **特点** 幼鱼身体呈红色，头上长角，形如赤鬼①

宽咽鱼可能会下巴脱落而死

深海里生活着许许多多奇形怪状的生物，宽咽鱼便是其中之一。它们的**下颌骨松松垮垮地连着头骨，长度是头骨基部的 10 倍以上。**

或许你会认为，拥有这样的身体构造，宽咽鱼想必经常吞食大型猎物，可实际上，它们的主食大多是小虾小蟹之类的甲壳动物。它们就这样张着大嘴游来游去、捕食小型猎物，似乎有点大材小用。

不过，总有遇上大鱼的时候。机会难得，总该展现巨嘴的真正实力了吧。可遗憾的是，宽咽鱼的**颌骨特别细，如果不顾一切地强行张大嘴巴，会有骨折而死的危险。**

生物名片

硬骨鱼类

■**中文名** 宽咽鱼
■**栖息地** 热带到温带的深海
■**大小** 全长约 75 厘米
■**特点** 分类上与鳗鱼相近，但长得一点也不像

袋鼠宝宝在育儿袋中排便

袋鼠宝宝在出生后的前半年，会一直窝在妈妈的育儿袋中生活。其间，**吃喝拉撒都在育儿袋中解决**。育儿袋又不像马桶那样可以冲水排走便便，半年的积攒量可想而知。

可是，**育儿袋内却毫无臭味**。原来，**袋鼠妈妈会把脑袋探入育儿袋中，将宝宝的大小便舔干净**。

虽说袋鼠宝宝只喝奶，排出的粪便不会太臭，但如果没有妈妈的爱，袋鼠宝宝想必也无法在育儿袋中安心长大吧。

生物名片

哺乳类

■**中文名** 红袋鼠
■**栖息地** 澳大利亚的平原
■**大小** 体长约 1.2 米
■**特点** 能够以 60 千米的时速跳着奔跑

蜗牛的舌头上长了两万多颗牙齿

蜗牛的头上长了一对大触角和一对小触角，小触角的下面就是嘴巴。嘴巴内有一个类似舌头的器官，上面**长了两万多颗细小的牙齿**。

这个器官叫作“齿舌”。蜗牛**把齿舌当作锉（cuò）刀，用它刮取植物的果实和叶子食用**。进食过程中，齿舌表面的牙齿会渐渐磨损，不过不必担心，磨损的牙齿会再生出来，不会影响蜗牛享用美食。

另外，虽然舌头因为长满牙齿而无法感受味道，但蜗牛**似乎可以用小触角的前端来品尝味道**。

生物名片

腹足类

- **中文名** 左旋蜗牛
- **栖息地** 日本东部的森林或草原
- **大小** 壳直径约 5 厘米
- **特点** 雌雄同体，但一般通过交尾来产卵

狮尾狒生气时很像假牙快要脱落的老爷爷

狮尾狒（fèi）栖息在高山上的草原地带。它们会组成一个个小团体，过群居生活，而这得益于它们出色的交流能力。**通过翻唇行为**（上唇迅速翻起，盖住鼻子，露出牙床和牙齿），狮尾狒**能够表达 30 多种意思**，因此，集体决策时，靠的是对话商议，而非暴力。

身为和平主义者的狮尾狒，**一旦发起怒来，就会龇起嘴唇，把牙龈（yín）全部露出来，亮出牙齿**。这样做似乎是在威吓对方，但看起来却像假牙快要掉出来的老爷爷。目前尚不清楚它们这一行为的确切意图，但总的来说，狮尾狒应该是想通过这样的表情来警告对方，使其感到不安，而实际确实效果非凡。

生物名片

哺乳类

- **中文名** 狮尾狒
- **栖息地** 埃塞俄比亚高原
- **大小** 体长约 72 厘米（雄性）
- **特点** 胸部无毛，裸露着红色的皮肤

王企鹅雏鸟体形比父母还大

王企鹅将蛋产在南极洲附近的寒冷岛屿上。蛋会在相对温暖的夏季孵化，那时容易捕到鱼，亲鸟[①]可以喂给雏鸟丰富的食物。到夏季结束时，**雏鸟被喂得胖嘟嘟、圆滚滚的，体形看起来比父母还要大**。

等到冬天来临，大海结冰，觅食困难，亲鸟便几乎不再给雏鸟喂食。于是，**雏鸟会渐渐消瘦，近一半都会在冬季死去**。

因此，对雏鸟来说，夏天必须拼命地进食，因为**储存能量的多少，将决定它们能否成功度过严酷的冬季**。

①鸟类在孵化和育雏期间，相对于幼鸟，双亲被称为“亲鸟”。

生物名片

鸟类

■**中文名** 王企鹅
■**栖息地** 南极洲附近的岛屿
■**大小** 全长约 90 厘米
■**特点** 比帝企鹅耐热，人工饲养的数量也相对较多

管水母其实是小水母的集合体

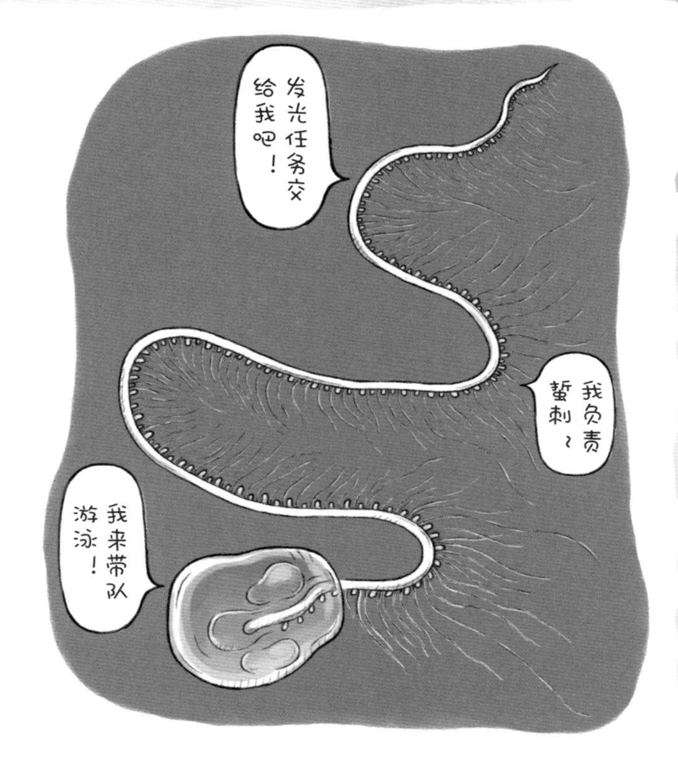

世界上最大的动物是蓝鲸，最长的动物则是管水母。有的管水母**全长超过 40 米，还有的仅触手就长达 50 米**。

其实，管水母长长的身体是由许多个细小水母集合而成的，**就像合体机器人一样，将大家的力量团结起来**。而且各成员分工明确，有“游泳小组”“发光小组”“进食小组”，形状和能力各不相同。

或许你会觉得，用集合体来比体形大小，岂不是相当于比赛作弊吗？可换个角度来看，**我们的身体也是细胞的集合体**，所以还请多多包涵啦！

生物名片

水母类

■**中文名** 管水母
■**栖息地** 世界各地的深海
■**大小** 全长约 40 米
■**特点** 会发出蓝光引诱猎物

剑齿虎结实强壮，可速度却很慢

剑齿虎是一种古老的大型猫科动物，可惜在距今约 1 万年前灭绝了。正如其名，剑齿虎拥有如剑一般长而锐利的上犬齿，最大的剑齿虎上犬齿长达 24 厘米。

一方面，剑齿虎不仅拥有锋利的犬齿，而且体格健壮，**肩部到前肢的肌肉非常发达**。据说，剑齿虎上身力量强大，甚至可以扑倒庞大的猛犸象。可另一方面，剑齿虎后肢非常短，而且还在**朝重视力量、牺牲速度的方向进化**。因此，当地球气候发生剧变，体形巨大、动作迟缓的动物逐渐变少时，剑齿虎**难以捕捉到猎物，最终饿死**。

生物名片

哺乳类

- **中文名** 剑齿虎（已灭绝）
- **栖息地** 曾广泛分布在美洲大陆
- **大小** 体长约 2 米
- **特点** 为了咬住猎物，上下颌可以张开到 128 度

智利长牙锹甲的大颚夹合力很弱

雄性智利长牙锹甲**拥有和体长相差无几的发达大颚**，看起来威风凛凛，其实夹合力并不强。这是因为大颚夹住的部分过大，力量被分散开来。

19 世纪著名的进化生物学家查尔斯·达尔文指出，这是**"过度适应"**，即最开始是有利的，但后来**过于发达**，**超出了必要的限度**，**反而成了负累**。这些过度适应的生物本想变得更强大，结果却导致自己经受不起环境的变化，不得不背负着灭绝的风险，在地球上努力生存。

生物名片

昆虫类

■**中文名** 智利长牙锹甲

■**栖息地** 智利、阿根廷的森林

■**大小** 体长约 6 厘米（雄性）

■**特点** 雌虫有金属光泽，大颚短，体长约 3 厘米

管眼鱼的脑袋是透明的

身体透明的生物有不少，管眼鱼则**有一颗透明的脑袋**。

管眼鱼的嘴巴上方有一对“闭着的眼睛”，那其实是它们的鼻孔。真正的眼睛长在透明的脑袋上，很像两颗葡萄。

过去，人们以为管眼鱼的眼睛是朝上的，近来发现，它们的眼睛可以转动。一旦捕捉到猎物的身影，它们就会迅速靠近，捕获对方。

可是，**透明的部分非常脆弱**，在人们将管眼鱼从深海转移到陆地的过程中就会坏掉。因此在 2004 年以前，人们看到管眼鱼，**以为只是一种眼睛凸出来的鱼**，并不知道它们的脑袋是透明的。顶着一颗脆弱、透明的脑袋，将内部暴露无遗，管眼鱼真是让人费解。

生物名片

硬骨鱼类

■ **中文名** 管眼鱼

■ **栖息地** 北太平洋的深海

■ **大小** 全长约 10 厘米

■ **特点** 头部透明的圆顶内充满了液体，十分柔软

翠猴拥有亮蓝色的睾丸

人类及大多数动物的睾（gāo）丸颜色和身体其他部位差不多，可翠猴的睾丸却是蓝色的，引人注目。这抹亮蓝并非毛色，而是皮肤的颜色。翠猴在**幼年时，睾丸的颜色还比较暗，随着长大成年，颜色逐渐变得鲜艳起来。**

原来，这种变化是为了吸引雌猴，这和日本猕猴长了红屁股是一个道理。蓝色的睾丸代表雄猴已经发育成熟，做好了传宗接代的准备。在雄猴中有一项奇特的规则：谁睾丸最蓝，就代表谁最出色。

很多人看到翠猴那蓝色的睾丸后，都大感惊奇，甚至在网上掀起了热火朝天的讨论。

生物名片

哺乳类

- **中文名** 翠猴
- **栖息地** 非洲的草原、河边、森林
- **大小** 体长约 45 厘米
- **特点** 群居，猴群内等级分明

海鬣蜥打喷嚏时会喷出盐粒

海鬣蜥栖息在加拉帕戈斯群岛，是一种会下海游泳的罕见蜥蜴。

它们平常以生长在海中岩石上的海藻为食，**进食的时候也会吞下大量海水**。为了将多余的盐分排出体外，海鬣蜥练就了一门绝活——**打喷嚏，将鼻腔里盐腺分泌的盐从鼻孔喷射出去**。

有时，海鬣蜥也会用这一招来威吓敌人。只是喷射的力道有限，盐粒无法飞出太远，几乎都落在了自己身上。相互威吓了半天，结果是许多海鬣蜥**喷得满头满脸都是粗盐，像扑了粉一样变得白白的**。

生物名片

爬行类

- **中文名** 海鬣蜥
- **栖息地** 加拉帕戈斯群岛的海岸
- **大小** 全长约 1.4 米
- **特点** 尾巴扁平粗壮，游泳时会左右摆动

高鼻羚羊为了加热空气，变成了大鼻子

高鼻羚羊生活在寒冷干燥的草原地区，和牛是同类。它们隆起的大鼻子占据了脸部大半的面积，给人以强烈的视觉冲击。

这大鼻子承担着将干冷的空气加热加湿的重要工作，还兼具空气净化器的功能。高鼻羚羊会大规模成群迁徙，扬起漫天尘土。而宽阔的鼻腔内布满了毛和黏膜，能过滤沙尘，净化吸入的空气。

尽管如此，近年来，除去人类盗猎的因素，还是发生了高鼻羚羊大量死亡的事故，死因怀疑与传染病有关。看来，**即便拥有功能强悍的鼻子，也很难阻挡病原体的入侵。**

生物名片

哺乳类

- **中文名** 高鼻羚羊
- **栖息地** 蒙古到俄罗斯的草原
- **大小** 体长约 1.3 米
- **特点** 雄性会鼓起鼻子发出巨大的嚎（háo）叫

鬣狗的便便是白色的

鬣狗有“草原清道夫”的诨（hùn）名。它们不仅是优秀的狩猎者，还会**将猎物吃到连骨头渣都不剩**。

鬣狗的下颌和牙齿极其坚固，即便是粗大的骨头也能“嘎吱嘎吱”地咀嚼，吃得津津有味。可实际上，它们嚼骨头是为了吃到骨头内软嫩的骨髓，而**无法消化骨头本身**。因此，它们会将不需要的部分从口中吐出来，或者通过粪便排出来。

在食用了大量骨头之后，鬣狗**会排出白色的骨质粪便**。这让人不禁替它们担心：拉屉屉（bǎ）的时候，屁眼会很疼吧？

生物名片

哺乳类

- **中文名** 鬣狗
- **栖息地** 非洲的草原
- **大小** 体长约 1.4 米
- **特点** 雌性的阴蒂长得像阴茎一样

骆驼吃多了，驼峰会变胖

背部高耸的巨大驼峰，是骆驼独有的标志。驼峰主要由脂肪构成，**当水或食物匮乏的时候，驼峰内储存的脂肪就会分解，为骆驼提供养分、水和能量**。不仅如此，驼峰还可以保温隔热，维持体温恒定。多亏了驼峰，骆驼才能在沙漠中顶着烈日长时间穿行，不畏夜间的寒冷。

人类长胖了，容易出现小肚腩。而骆驼则**用驼峰来储存脂肪，并努力让它长胖**，它们背部的驼峰看起来就像大碗刨冰一样。

为了生存不得不长胖，看来健康美才是真的美啊！

生物名片

哺乳类

■ **中文名** 单峰驼

■ **栖息地** 在西亚被作为家畜饲养

■ **大小** 体长约 2.8 米

■ **特点** 大风时会紧紧闭住鼻孔，防止吸入沙子

第4章 让人遗憾的生活方式

这一章介绍的动物，
都会让你想要“多管闲事”地问一句：
“明明有更轻松的活法，为什么非要这样呢？”

翻页动画小剧场

秋天，好吃的果子
捡不完！

松鼠会秒忘埋藏橡子的地点

一到秋天，松鼠就会可劲儿地埋藏橡子，以保证冬天有足够的食物，不会饿死。

短短一季，一只松鼠竟然可以埋下几百颗橡子！然而，最终能挖出来的只有六成左右——**近一半的橡子都忘记埋在哪里了。**

等到春天来临，被遗忘在地下的橡子会萌发新芽，然后逐渐长成大树，结出满树的果实，再次供松鼠食用。如此看来，松鼠忘记埋藏橡子的地点，难道**是在给未来的儿孙们留下礼物**？

生物名片

哺乳类

■**中文名** 欧亚红松鼠
■**栖息地** 亚欧大陆北部的森林
■**大小** 体长约 23 厘米
■**特点** 冬天耳尖会长出长长的簇毛

黑猩猩会谄笑讨好

在哺乳动物中，灵长类拥有高度发达的面部肌肉。和人类一样，大多数**灵长类动物会一边观察对方的表情一边交流**，因此面部的毛比较稀少，这样才能看清彼此脸上的表情。

尤其是黑猩猩，它们的表情极其丰富，不仅能够表现出愤怒、恐惧，甚至还会**在比自己强大的黑猩猩面前露出谄（chǎn）笑**。

原来，黑猩猩十分好战，所以它们会特别在意群体中“谁是最强的”。不擅长打架、没什么自信的雄猩猩在强者面前会露出讨好的笑容，小心翼翼地陪在一旁，生怕惹怒了对方。

生物名片

哺乳类

- **中文名** 黑猩猩
- **栖息地** 非洲的森林
- **大小** 体长约 85 厘米
- **特点** 有时会用树枝或树叶做工具

霸王龙吃多了肉会生病

霸王龙被认为是最强大的食肉恐龙，因此而闻名于世。不过，科学家通过对化石的研究发现，霸王龙**生前似乎患有痛风，因此导致骨骼变形**。

痛风是一种关节炎，常发生在下肢关节等部位，发病机制尚不清楚，但很可能是食用过多的动物肝脏所致。肝脏中含有大量尿酸，这种物质会以晶体的形式沉积在关节部位，引发身体疼痛，严重的甚至难以行走。狮子等食肉动物可以分解尿酸，所以不会患上痛风，但恐龙并不具备这种机能。

今天，许多大爷大叔因为饮酒过度而饱受痛风之苦。如此说来，**史上最强的霸王龙想必和嗜酒如命的他们没什么两样，也曾为痛风而烦恼不已吧！**

生物名片

爬行类

- **中文名**　霸王龙（已灭绝）
- **栖息地**　北美
- **大小**　全长约 13 米
- **特点**　身上可能长有羽毛

考拉宝宝以妈妈的便便为食

考拉的盲肠是动物界中最长的。它们的**盲肠里生活着大量微生物，这些微生物可以分解桉树叶的毒素**，帮助考拉吸收其中的营养。

然而，这些微生物并非生来就有。断奶后，考拉宝宝会**吃下妈妈的粪便，从中获取必要的微生物**。

考拉妈妈的便便可不是普通的便便，而是**可食用的便便**，一点也不臭，可以充当离乳食。但便便终归是便便，就算是可食用的，恐怕味道也……不过话说回来，这种说法本就含糊不清，**便便还分什么"可食用的"**吗！

生物名片

哺乳类

- ■**中文名** 考拉
- ■**栖息地** 澳大利亚东部的森林
- ■**大小** 体长约 75 厘米
- ■**特点** 每天至少有 20 个小时挂在树上睡觉

瘤叶甲幼虫在便便的包围中成长

瘤叶甲又叫粪金花虫，因为**无论从颜色还是形状上，它们看起来都简直和毛毛虫的便便一模一样**。当然，这只限于它们成虫的模样，瘤叶甲幼虫长得并不像便便。

不过，瘤叶甲在幼虫期就和便便结下了不解之缘。它们**披着真正的粪便生活，就像套着玩偶服似的**。瘤叶甲妈妈会预先将自己的粪便涂抹在卵上。幼虫孵化后，**会在妈妈留下的粪便基础上，继续累积自己的粪便，就这样在便便的包围中逐渐长大**。

长大的幼虫会在便便中化蛹，重生为酷似便便的成虫，然后破茧而出。

生物名片

昆虫类

- **中文名** 瘤叶甲
- **栖息地** 东亚和南亚的森林
- **大小** 体长约 3.5 毫米
- **特点** 有翅膀，却不会飞；因为以叶子为食而被称为叶甲

信天翁很容易被抓住，因此也叫呆头鸟

信天翁的翅展超过 2 米，它们**可以飞行几千千米而几乎不用扇动翅膀**，是出色的“滑翔机”，这种飞行能力在鸟类中也是顶尖的。然而**一到陆地，它们就变成了呆头鸟，人类毫不费力就能抓住它们。**

这要归咎于它们过大的体形。由于身体笨重、行动缓慢，信天翁起飞时需要一段长长的助跑。而且它们栖息在人迹罕至的孤岛上，对人类毫无防备之心。

久而久之，水手之间流传起这样的说法：“那边有一种呆头鸟，很容易抓住。”于是人们大肆捕捉信天翁，攫（jué）取它们的羽毛。结果**导致信天翁数量骤减，一度濒（bīn）临灭绝。**

生物名片

鸟类

- **中文名** 短尾信天翁
- **栖息地** 北太平洋的孤岛
- **大小** 全长约 92 厘米
- **特点** 夏季在海面上飞翔或休息，不上陆地

白鲸每年都为蜕皮赌上性命

白鲸生活在北冰洋及附近的海域，那里浮冰众多，它们时常会撞上，因此没过多久，一身皮肤就会弄得伤痕累累。好在冬季来临之前，它们**会蜕去老旧的皮肤，换上整洁漂亮的新皮。**

一到夏天，白鲸的皮肤会变得皱皱巴巴的，就像人类长时间泡澡后的手指那样。当然，它们可没有手，不能把全身的皮肤撕下来，不过，它们会用身体去摩擦浅滩水底的沙石。

白鲸很享受蜕皮的过程，甚至有时会因为太忘我而搁浅，**沦为北极熊的腹中餐**。如此看来，白鲸蜕皮可是要赌上性命的啊！

生物名片

哺乳类

■**中文名** 白鲸
■**栖息地** 北冰洋及其附近海域
■**大小** 体长约 3.8 米
■**特点** 鸣声悦耳，被誉为“海中金丝雀”

六角恐龙遭遇水污染会变得面目全非

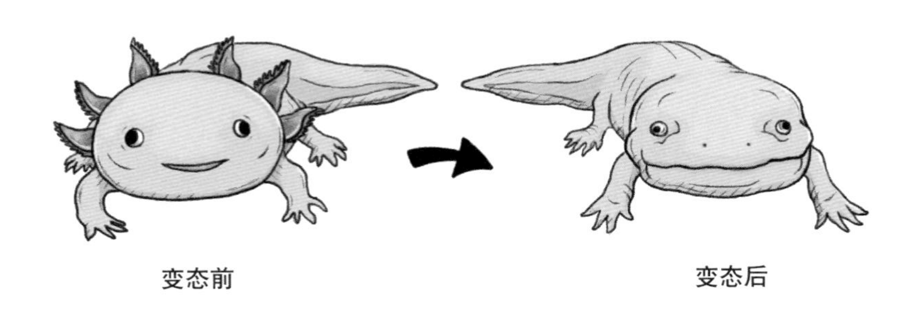

变态前　　变态后

六角恐龙又叫“墨西哥钝口螈”，它和鲵（ní）都是终生有尾的两栖动物。

鲵幼时栖息于水中，成年后会爬上陆地。而六角恐龙**成年后依然生活在水中，保持着幼时的可爱模样**。

不过，一旦水体减少或者污染变脏，或许是**体内属于蝾螈的血脉受到刺激、觉醒了**的缘故，六角恐龙的身体就会开始发生变化，变得能够适应在陆地上生活。最终，它们外鳃退化了，改用肺呼吸，**萌萌的眼睛也变态成贼溜溜的坏人模样**。

生物名片

两栖类

- **中文名** 墨西哥钝口螈
- **栖息地** 墨西哥的湖泊
- **大小** 全长约 25 厘米
- **特点** 因为外形像传说中的龙而大受欢迎

孔雀鱼在大型鱼面前会变得低调朴素

孔雀鱼是一种原产于南美洲的热带淡水鱼。它们体色各异，**尤其是雄鱼，尾鳍的颜色五彩缤纷**，有橙、蓝、绿等多种颜色，炫丽无比。而且孔雀鱼很容易饲养，因此成为全球广受欢迎的观赏鱼之一。

在日本的河流中，也有一些**被人类放生、回归野生化的孔雀鱼，可它们看上去并不漂亮**。原来，雄鱼虽然靠美丽的尾鳍来吸引雌鱼，但华丽的外表同时也会暴露自己，招来敌人。

因此，在有大型鱼生存的河流中，**只有那些外表朴素、毫不惹眼的孔雀鱼才能活到最后**。

生物名片

硬骨鱼类

- **中文名** 孔雀花鳉（jiāng）
- **栖息地** 热带到温带的河流
- **大小** 全长约 5 厘米
- **特点** 原产于南美，在日本，有些放生鱼已经野生化

欧旅鼠家族每隔几年就濒临灭绝一次

欧旅鼠是老鼠的同类，它们不畏严寒，冬天也会在积雪下活动，采食草等植物，繁衍后代。欧旅鼠的寿命不到 1 年，鼠宝宝出生 1 个月左右就能长大成熟，之后几乎每个月都会产下 6 ～ 8 只小鼠，并以这样的速度快速增殖。除去老病死亡，**只需 2 年，欧旅鼠的家庭成员就会增加为原来的 100 ～ 1000 倍**。但随后，数量便开始骤减。

其原因在于一种名叫白鼬的鼬。由于欧旅鼠的数量呈几何级倍增，**以欧旅鼠为主食的白鼬，数量也开始爆发式增长**。其结果是：**欧旅鼠逐渐减少，白鼬随之成批饿死，然后欧旅鼠再次大量增殖**……简直就是一场无休止的**循环游戏**。

生物名片

哺乳类

■**中文名** 欧旅鼠
■**栖息地** 北欧的草原
■**大小** 体长约 12 厘米
■**特点** 夏季会遭到狐狸和猫头鹰的大量捕食

北太平洋巨型章鱼是最大的章鱼，寿命却和仓鼠一样短

北太平洋巨型章鱼是世界上最大的章鱼。已发现的最大个体全长 9.1 米，体重达 272 千克，**伸直腕足时，长度堪比一辆巴士**。而且这种章鱼全身肌肉发达，力量强大，**体形大的个体甚至能够猎食鲨鱼**。

然而，如此勇猛无匹的北太平洋巨型章鱼，**寿命却只有 2 ~ 3 年，和体重 100 克的仓鼠差不多**。

一般来说，动物体形越大，寿命也越长，然而章鱼、乌贼却和昆虫一样，急速成长、产卵，然后走向死亡，匆匆度过一生。因此，即便是北太平洋巨型章鱼，也**无法摆脱身为章鱼的宿命**。

生物名片

头足类

- **中文名** 北太平洋巨型章鱼
- **栖息地** 北太平洋的寒冷海域
- **大小** 全长约 2.8 米
- **特点** 胴体柔软，口部却很坚硬，甚至可以咬碎贝壳和蟹

大海牛因为太单纯而灭绝

大海牛是儒艮（gèn）和海牛的同类，是一种哺乳动物。它们身躯庞大，体长达 8 米，生活在寒冷的海域，以海带等海藻为食。

今天，**大海牛已经灭绝了，原因竟然是它们“太傻太天真”**。大海牛**对人类毫无防备**，游速又慢，就算遭到袭击，也无法潜入深海逃生。不仅如此，它们还有一颗善良纯真的心，**一旦有同伴受伤，其他大海牛就会一齐围拢过来**，努力帮助它。因此，人类通常**只要射中一头大海牛，就能一口气捕到一群**。就这样，到 1768 年，最后一头大海牛也被人类猎杀了。

生物名片

哺乳类

■ **中文名** 大海牛（已灭绝）
■ **栖息地** 白令海
■ **大小** 体长约 8 米
■ **特点** 牙齿已退化，利用巨大的上唇撕扯海藻

鸳鸯夫妻每年都换配偶

人们常常把恩爱的夫妻比作“鸳鸯夫妻”。其实，准确地说，这一比喻只适用于处在繁殖期的鸳鸯夫妻。

实际上，**雄鸳鸯在交配结束后就不见鸟影了**。第二年，鸳鸯们**再次配对时，一般会改换新的对象**。

在鸟类中，能够一生一世一双鸟的并不多，为了在残酷的大自然中尽可能繁衍后代，这也是无奈之举。人类说什么“只羡鸳鸯不羡仙”，殊不知，**鸳鸯的世界里也很难有忠贞不渝的爱情啊！**

生物名片

鸟类

■**中文名** 鸳鸯
■**栖息地** 东亚的河流或池塘边
■**大小** 全长约 43 厘米
■**特点** 雄鸟的羽毛平常呈灰褐色，只有繁殖期才会变鲜艳

雄孔雀蜘蛛舞技太差的话，会被雌性吃掉

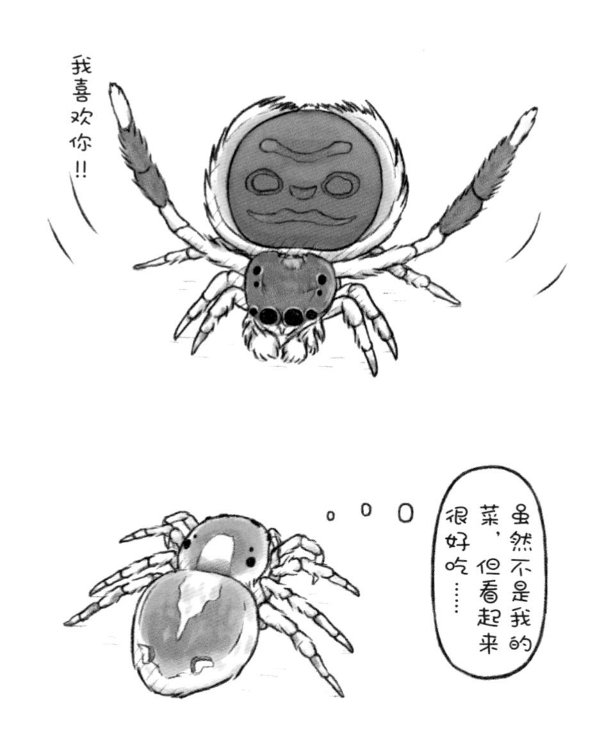

正如“孔雀”之名，雄孔雀蜘蛛的腹部有着孔雀羽毛般美丽的花纹，**这是它们吸引雌性的法宝**。一旦发现雌性，雄孔雀蜘蛛就会一边展示腹部，一边**上下摆腿跳起踢踏舞**，缓缓接近雌蛛。

而这时，**雌蛛会在稍远的地方静静观察雄蛛的行为**。雄蛛边跳舞边缓缓靠过来，最后轻轻地将腿搭在雌蛛背上，与之结合。

但是，求爱的过程并不总是一帆风顺。**有时雌蛛并不中意对方，甚至会把它吃掉**。因此，结果是坠入爱河还是堕（duò）入地狱，全看雌蛛的心情。

生物名片

螯肢类

- **中文名** 博拉纳蜘蛛
- **栖息地** 澳大利亚的森林
- **大小** 体长约 5 毫米
- **特点** 不结网，而是跳起来袭击猎物

雌粪蝇太受欢迎，有时会被挤入粪便中

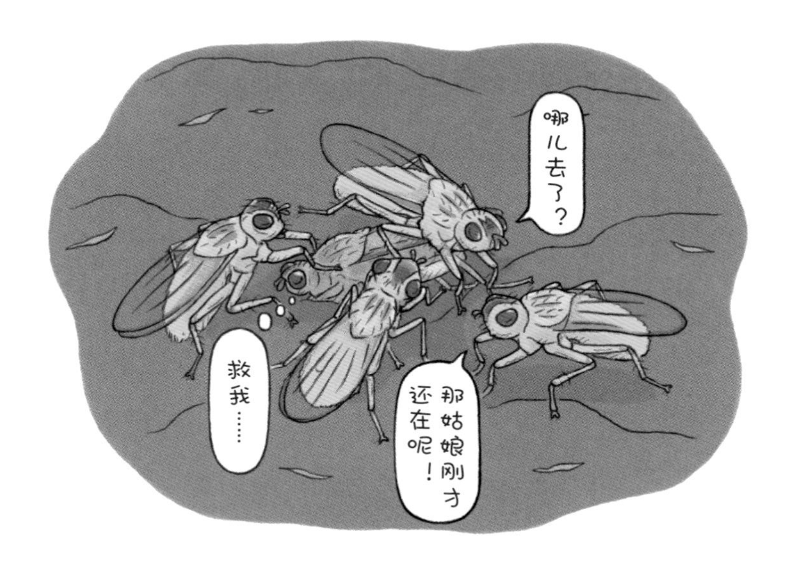

粪蝇，顾名思义，是一种喜欢绕着粪便“嗡嗡嗡”飞来飞去的苍蝇。粪蝇的成虫以聚集在粪便上的细小昆虫为主食，**幼虫则吃粪便长大**。因此，雌蝇会精心挑选新鲜的粪便来产卵。

可是僧多粥少，为了让自己的孩子降生在新鲜的粪便上，**许多雄蝇会在新鲜粪便附近蹲守**。当雌蝇姗姗来迟时，雄蝇就会争先恐后地一拥而上。

如此一来，雌蝇不堪重负，身体会深深地陷入软软的粪便中，有时可能会出现最坏的情况：**雌蝇就这样溺死在大便中，大家白忙一场，最后一哄而散。**

生物名片

昆虫类

- **中文名** 黄粪蝇
- **栖息地** 北半球的森林
- **大小** 体长约 1 厘米
- **特点** 身细腿长，和吃粪小伙伴亮绿蝇有所不同

雌犀鸟产卵期会全身变秃

雌犀鸟进入产卵期时，会钻入树洞中待产，用雄犀鸟衔回的泥土把洞门堵上。与此同时，它们全身的羽毛开始逐渐脱落，**到产卵时，整个身体已经变成了全秃状态，无法飞行**。好在封巢为雌鸟提供了安全的环境，它们可以安心产卵、孵化，同时换上一身崭新的羽毛。

不过，长出新羽毛是需要时间的。雏鸟孵化出来时，雌犀鸟还没有换羽完毕，久久不能出巢。为此，**雄犀鸟不得不连续 3 个月给秃了的伴侣和孩子喂食**。长期奔波忙碌，雄犀鸟变得憔悴不堪，**有的甚至过劳而死**。

生物名片

鸟类

- **中文名** 花冠皱盔犀鸟
- **栖息地** 南亚到东南亚的森林
- **大小** 全长约 1.2 米
- **特点** 喙上有犀牛角一样的骨质突起

竹节虫宝宝会把自己折叠在卵中

竹节虫体形修长，酷似植物的枝或茎，是世界上最长的昆虫，其中有些种类的体长甚至超过 50 厘米。不过，竹节虫的**卵却只有几毫米长**。

卵小并不是因为幼虫小，而是因为**形似草籽的卵有利于幼虫掩护自己**，保障安全。可是，最大的幼虫身体长达卵的 20 倍，它们藏身在卵中，**就像几经折叠塞进壁橱里的被褥（rù）一般**。

竹节虫不仅虫体善于拟态伪装，就连虫卵的形状都和植物的种子无比相似。由此看来，“伪装大师”的称号可谓当之无愧。

生物名片

昆虫类

■**中文名** 日本竹节虫
■**栖息地** 日本的平原或森林
■**大小** 体长约 5.1 厘米（雌虫）
■**特点** 在九州以北地区，有些雌虫可以孤雌生殖

沙虎鲨宝宝在妈妈肚子里时就开始手足相残

沙虎鲨是**一种卵胎生的鲨鱼**。沙虎鲨妈妈有两个子宫，每次交配受精后会孕育几十枚卵。

但是，孵化出来的幼鲨，每个子宫内最后只能活下来一头。率先**孵化出来的幼鲨会很快耗尽卵黄囊里的养分，并将其他卵和后孵化出来的弟弟妹妹都吃掉**。最后幸存下来的两头幼鲨会在母亲的子宫里度过一年左右的时间，长到将近一米长，才降生到外面的世界。

在妈妈肚子里就开始互相残杀，原本是为了筛选出最强壮的幼鲨。可实际上，最终幸存下来的幼鲨往往是最先孵化出来的，也就是说，**生存权的争夺实质上是先到者先得**，实在是有失公平。

生物名片

软骨鱼类

■ **中文名** 沙虎鲨
■ **栖息地** 热带到温带的沿岸海域
■ **大小** 全长约 3.2 米
■ **特点** 外表凶猛，其实比较温顺，不会主动攻击人类

黑水鸡疲于照顾弟妹，有时会离家出走

黑水鸡是一种水鸟，在春季到初秋繁殖。**1 个繁殖期内，1 只黑水鸡妈妈最多可以产下 5 窝卵**，而且雏鸟孵化、成长的速度特别快。

亲鸟不停地重复产卵、育雏，生活简直忙得一团糟。于是，照顾不过来的时候，**亲鸟就会交代前几窝孵化的雏鸟帮忙照顾弟弟妹妹**。

可是，雏鸟也想自由自在地玩耍呀。因此，劳心劳力照顾弟弟妹妹、疲惫不堪的时候，**雏鸟也会闹别扭抗议——离家出走**。这时，亲鸟就会出去寻找出走的雏鸟，安抚一番后，再次让它帮忙照顾弟弟妹妹。就这样，离家出走以失败告终。

生物名片

鸟类

■**中文名** 黑水鸡
■**栖息地** 热带到温带的河流或池塘
■**大小** 全长约 33 厘米
■**特点** 脚趾很长，这样在水边行走时不会陷进去

貉子很容易被吓晕

日本人用“狸寝入”表示装睡的意思，这里的“狸”指的就是“貉（hé）”，因为这种动物经常会装死。“貉”，通称貉子（háozi），它们似乎**很容易因为受惊而昏厥**（jué），哪怕只是听到枪声等巨大的声响，也会立刻躺倒装死。当猎人以为貉子中弹了，走过来收取时，它们又会一跃而起，撒丫子逃跑。貉子**利用假死的招数让对方大意**，最终成功摆脱险境。

可到了现代，**这一惯用的招数有时也会适得其反**。貉子如果碰巧跳到了汽车前，也会吓得背过气去，结果不少貉子**就这样被人类捡上汽车拉走了**。

生物名片

哺乳类

■**中文名** 貉
■**栖息地** 东亚的森林
■**大小** 体长约 55 厘米
■**特点** 会离开巢穴前往固定的地点大便

弱鸡即使想打鸣也没戏

“喔喔喔——”每到黎明破晓时分，公鸡就会精神抖擞地打鸣。不过，**打鸣可不是公鸡想打就能打的，而是要按身体的强弱排队来。**

几只公鸡聚在一起，会根据各自的强弱确定位次。一旦排好位次，也就确定了打鸣的顺序：第一个打鸣的是排名第一最强的，然后是第二名、第三名……**弱鸡是没资格打鸣的，它们只能一边听着强者喔喔啼，一边怅望冉冉（rǎn）升起的朝阳。**

一群鸡漫不经心地在草地上踱步，看起来无忧无虑，闲适自在。可实际上，**鸡的社会等级森严**，是体育健将的天下。

生物名片

鸟类

■**中文名** 鸡
■**栖息地** 在世界范围内被作为家禽饲养
■**大小** 全长约 60 厘米
■**特点** 全世界饲养的鸡超过 200 亿只

磷虾看起来像虾，却几乎不会游泳

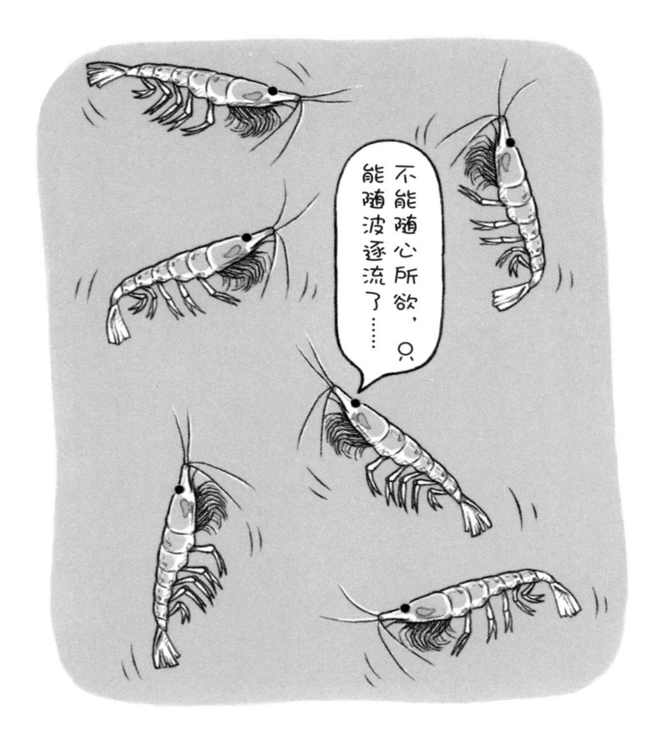

磷虾的外表酷似虾，人们常常会混淆（xiáo）两者，但**它们其实是浮游动物**。

浮游动物是一些没什么游泳能力，只能轻飘飘浮在水中、随波逐流的生物。磷虾**无法像虾那样在水中敏捷地游来窜去，或者在海底悠闲地四处漫步**。因此，它们不能自由觅食，只能以同样轻飘飘浮在水中的浮游植物为食。

磷虾一族庞大无比，仅南极磷虾一种，总量据说就多达 4 亿吨。不过由于不会游泳，它们**只能身不由己地漂流，任鲸等动物大饱口福**。

生物名片

甲壳类

- **中文名** 南极磷虾
- **栖息地** 南极周围的海域
- **大小** 体长约 6 厘米
- **特点** 常被制成鱼饵或鱼肉香肠

鲨鱼如果停止游泳，就会沉入深海

大多数硬骨鱼体内都有鳔，有了它，鱼就可以在水中调节沉浮。可鲨鱼是软骨鱼，体内没有鳔，所以**一旦停止游泳，就会渐渐下沉**。

栖息于洋面的鲨鱼如果停止游泳，就会逐渐沉入幽深的海底。因此，它们根本无法暂停下来，好好地睡上一觉。

或许是厌倦了这种昼夜不歇、疲劳游泳的日子，**有些鲨鱼选择安详地沉到海底。比如栖息在近海的宽纹虎鲨，就沉在海底过着优哉游哉的生活**。它们用双鳍边走边逛，捕食海底的贝壳和鱼蟹，日子轻松惬（qiè）意，没必要再浮起来了。

生物名片

软骨鱼类

- **中文名** 宽纹虎鲨
- **栖息地** 北太平洋西北部沿岸海域
- **大小** 全长约 1.2 米
- **特点** 不爱运动，行动缓慢

非洲长喙天蛾一辈子只能吸食一种花蜜

在非洲东南部的马达加斯加，生长着一种名叫“彗星兰”的兰花，它们的花蜜深藏在长达 29 厘米的花距①底部。而非洲长喙天蛾恰好**拥有长度超过 30 厘米的超长口器**，可以独享这种花蜜。

拖着长长的口器飞行当然很碍事，好在非洲长喙天蛾的口器就像卷尺一样，飞行时可以卷起来，想吸蜜时，再伸展成吸管状，非常方便。不过，由于口器太长，非洲长喙天蛾**几乎无法吸食其他花蜜**。

有趣的是，彗星兰也只能靠非洲长喙天蛾来传播花粉。它们俩**是一对命运共同体，一旦一方不幸灭绝，另一方也会遭遇同样的命运**。

①花瓣基部延长形成的结构，通常呈管状或袋状，是花朵藏蜜的地方。

生物名片

昆虫类

- **中文名** 非洲长喙天蛾
- **栖息地** 东非马达加斯加的森林
- **大小** 前翅长 6 厘米
- **特点** 会悬停在空中，伸长口器吸食花蜜

海龟总是哭个不停

每当进入产卵期时，海龟就会爬上沙滩挖出洞穴，在里面产卵。这时，围观的人们会发现，它们一边产卵，一边在簌簌（sù）落泪。过去，人们看到这一幕会以为海龟是因为产卵太痛苦而哭泣。

可实际上，海龟平常也总是哭个不停。长期生活在大海中，它们喝下了大量咸涩的海水，**体内积存了不少盐分**，于是，它们会**用眼窝后面的盐腺将其排出体外，看上去就好像在流泪。**

长期以来，海龟产卵时落泪的现象让人既备感神秘，又为之感动，可遗憾的是，海龟**流泪只是在排泄盐分，性质和小便差不多。**

生物名片

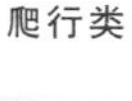

■ **中文名** 蠵（xī）龟

■ **栖息地** 温带到亚热带的海洋

爬行类

■ **大小** 背甲长约 80 厘米

■ **特点** 在日本，每年 5~8 月上岸产卵

跳弹鳚身为鱼类却害怕下水

跳弹鳚（wèi）确确实实是鱼，可**对入水却非常抵触**。它们平时总是将身体贴在露出海面的礁石上，以生长在岩石上的苔藓为食。

跳弹鳚主要用皮肤呼吸，**一旦皮肤变干燥，就会窒息而死**。因此，作为陆生鱼的跳弹鳚虽然不喜欢水，却无法远离水源，只能栖身在浪花飞溅的礁石地带。

跳弹鳚选择过这样的生活，是因为它们在礁石地带没有竞争对手，可以独享苔藓等食物。不过也要为此付出一定的代价——它们必须掌握绝佳的弹跳技巧，在避开大浪的同时，也要保持体表微湿。

生物名片

硬骨鱼类

- **中文名** 跳弹鳚
- **栖息地** 印度洋到太平洋的礁石地带
- **大小** 全长约 10 厘米
- **特点** 幼鱼能随海浪轻轻漂浮

大王具足虫即使绝食也瘦不下来

在潮虫的亲戚中，大王具足虫的体形是最大的，它们栖息在幽深的海底，以鱼类的尸体为食。然而，深海生物稀少，没有稳定的食物来源，因此大王具足虫**进化出了耐饿体质**。记录显示，有水族馆的大王具足虫**绝食 5 年以上依然活着**，实在令人震惊。

绝食 5 年，应该瘦得前胸贴后背才对。然而上秤一称，入馆时体重为 1040 克，头一年极少进食、之后便一直绝食的大王具足虫，死亡时体重为 1060 克，几乎没什么变化！看来，大王具足虫体内似乎藏有什么秘密，**节食减肥这一招到它们身上就完全失灵啦！**

生物名片

甲壳类

- **中文名** 大王具足虫
- **栖息地** 大西洋的深海底
- **大小** 体长约 40 厘米
- **特点** 感到有危险时，身体会蜷成 U 形

狐狸的孩子不听爸妈的话

狐狸这种动物喜欢划定地盘，在领地范围内活动。**幼崽长大到一定程度时，就会被父母赶出原来的地盘**。这样做是为了避免幼狐因为领地内食物不足而饿死，以及近亲交配。

可是，幼狐**对父母难分难舍，大多都不愿听话**。因此，秋天这个离别的季节一到，狐狸妈妈就不得不狠下心肠将幼狐赶走。而幼狐以为，一向温柔的妈妈不是真心要赶自己走，于是不停地依偎上来。可最终，幼崽还是被赶出家门，不情不愿地开始独立生活。

生物名片

哺乳类

- **中文名** 赤狐
- **栖息地** 北半球的草原
- **大小** 体长约 70 厘米
- **特点** 犬科动物中分布范围最广的

浣熊成年后会变得性情凶暴

日本原本没有浣熊。20 世纪 70 年代，受电视台播放的动画片影响，浣熊备受追捧，被引进作为宠物饲养。浣熊幼崽模样可爱、性情温顺又与人亲近，很受欢迎，一年内日本就进口了约 1500 只。

可是，浣熊**成年后会变得脾气暴躁**，经常用利爪和尖牙袭击人类。它们的爪子非常灵活，许多浣熊**成功突破牢笼，逃到了野外**。

结果，全日本的浣熊都野生化了，一度导致狂犬病等危险疾病蔓延。因此，请不要简单地因为动物外表可爱，就贸然地接近它们，或者将其作为宠物饲养，自然才是它们最好的家园。

生物名片

哺乳类

- **中文名** 浣熊
- **栖息地** 北美到中美的森林
- **大小** 体长约 50 厘米
- **特点** 外表酷似貉，但其实是不同族群的食肉动物

阿德利企鹅没什么防备心，看到人类会凑上前

企鹅不仅不会飞，走路也是慢腾腾的。它们体形小巧，没有强悍的力量和厉害的身体武器，如果生活在有食肉动物出没的地方，估计很快就会沦为对方的口中食。

在庞大的企鹅家族中，阿德利企鹅尤为耐寒。正因如此，它们才能迁移到气候严寒、少有天敌的南极周围，把这里作为栖身之所。

不过，**长期生活在安全的地方，最终导致阿德利企鹅失去了对其他生物的防范之心**。它们甚至会亲热地凑近体形比自己大好几倍的人类，真担心它们哪天会被坏人给骗走。

生物名片

鸟类

■**中文名** 阿德利企鹅

■**栖息地** 南极周围的海岸

■**大小** 全长约 75 厘米

■**特点** 眼周的白色区域是皮肤隆起形成的眼圈

水豚被揉揉屁股就会睡着

水豚是老鼠的同类，不过它们的尾巴已经退化不见了，屁股上只留下一个小小的突起。

人们发现，似乎**只要一碰这个突起，水豚就会感到愉悦放松，立刻睡眼蒙眬、似睡非睡地横卧在地上**。对野生水豚来说，这可是一个致命弱点。不过不必担心，因为会按着水豚的屁股揉来揉去的，几乎都是水豚的“迷弟迷妹”。

在日本，有些动物园是允许游客抚摸水豚的。感兴趣的话，参观动物园时，可以给水豚做做按摩，说不定会和它们成为好朋友呢。

生物名片

哺乳类

■**中文名** 水豚
■**栖息地** 南美的草原
■**大小** 体长约 1.2 米
■**特点** 雄性的鼻吻部长有发达的臭腺，会分泌白色黏液

进化之门 2

因为想要走出草原，人类开始直立行走

能够直起脊背、伸直膝盖、用两条腿走路，也就是直立行走的，只有我们人类。

黑猩猩、袋鼠等虽然也会用两条腿走路，但都是以上半身前倾的姿势行走的。

企鹅虽然看起来是直立行走，但实际上膝盖始终是弯曲的，只是被腹毛遮住了而已。

掌握这一绝招后，人类脑袋的位置由身体前方转到身体上方，即使变大了，支撑起来也毫不费力，而且还腾出了双手，可以搬运重物、做更多事情了。

那么，是什么促使人类转为直立行走的呢？

人类的祖先
原本生活在
树上。
随着环境变迁，
一些森林退化
成了草原。人
类的祖先不得
不下地行走。
生活在草原
上，直立行
走带来了许
多便利。
可以用双手
拿食物，眼
睛也能看得
更远！
就这样，子孙
们变成用双手
搬运重物、用
双脚走路了！

第5章

让人遗憾的能力

本章介绍的生物，都拥有一些奇奇怪怪的能力，
会让你感到不可思议：
“怎么会这样？真让人费解啊！”

翻页动画小剧场

得意地一跃！
然后……

叉角羚跑速飞快，但这完全没必要

叉角羚栖息在北美草原上，是长颈鹿的近亲。它们**是食草动物中当之无愧的跑步冠军**，能以每小时 90 千米的速度一口气长跑 15 千米。

然而，在北美，**没有什么食肉动物能够追得上叉角羚**。虽然在很久很久以前，北美也有跑速可达每小时 100 千米的猎豹生活过，但它们在 1 万年前就已经灭绝了。

因此，如果说叉角羚一直在为抵御昔日的天敌——北美猎豹而不断磨炼奔跑能力、保持巅峰速度，那么不得不说，到今天它们**完全是在白费功夫**啊！

生物名片

哺乳类

- **中文名** 叉角羚
- **栖息地** 北美西部的草原
- **大小** 体长约 1.3 米
- **特点** 雄羚的骨质角不会脱落，不过角心外的角鞘（qiào）每年脱换

铃蟾会四脚朝天威吓敌人，但这也意味着放弃逃跑

铃蟾的背部长有黑绿相间的迷彩花纹，看起来很像长在岩石上的苔藓。这是它们的保护色，能使其融入周围环境，以免被敌人发现。

与此相对的是，铃蟾的腹部却呈鲜艳的橙色——这叫“警戒色”，铃蟾**一旦遭到袭击，就会翻过身来，露出腹部的警戒色**，向敌人宣告：“我有毒，离我远点！”

可是，**将身体翻过来也意味着无法逃跑**，如果敌人恰巧在此时发动攻击，就再也无可挽回了。既然对自己的毒性颇为自信，**不如索性把背部也变成橙色**，这样不是更好吗？敌我双方都省工夫。

生物名片

两栖类

■**中文名** 东方铃蟾
■**栖息地** 东亚的河流或池塘
■**大小** 体长约 4.5 厘米
■**特点** 因为体色鲜艳被作为宠物饲养，颇受欢迎

马极速奔跑可能会猝死

马头脑聪慧，性情温顺与人亲近，是载人动物中跑速最快的，为此还诞生了赛马这项运动。

在古代，人们骑马打仗、运输、旅行，马给人一种可以无休止奔跑的错觉，但实际上，如果它们**极速奔跑**，**很容易突发心脏病而死**。

每逢盛大的庆典，蒙古族有举行草原赛马的习俗，在 30 千米长距离赛程中，经常会有马在抵达终点前力竭而死。

无论是人类还是其他动物，临近极限时必须缓解身心状态。而忠诚坚忍的马却拼尽全力，最终不幸丧命。

生物名片

哺乳类

- **中文名** 马
- **栖息地** 在全世界范围内被作为家畜饲养
- **大小** 体高约 1.6 米
- **特点** 家马的祖先已经灭绝

水虿游泳全靠尾部喷水推进

水虿（chài）是蜻蜓的幼虫，栖息在溪流或池塘里。它们平常**主要在河底等地方爬行，几乎不怎么游泳。**

不过，在捕食或躲避天敌时，水虿也会着急想要快速移动。这时，巨圆臀大蜓等蜻蜓的幼虫就会**采用尾部喷水推进的方法**。它们平常靠尾端吸水、排水来呼吸，紧急时刻会一口气将所吸的水喷射出去，"嗖"地一下向前进发。

当然，用餐后还要通过尾部排便。**不仅要呼吸，还要负责排泄和喷水推进，水虿的尾部简直是忙得不可开交啊！**

①昆虫两次蜕皮之间为一个龄期，终龄幼虫就是处于最后一个龄期的幼虫。

生物名片

昆虫类

■**中文名** 巨圆臀大蜓
■**栖息地** 东亚的河流
■**大小** 体长约 4.5 厘米（终龄幼虫①）
■**特点** 日本最大的蜻蜓，长成成虫需要 5 年

犰狳 90% 都无法蜷缩成球

犰狳（qiúyú）全身覆盖着坚硬的骨质皮肤，**这层盔甲甚至可以把手枪发射的子弹反弹开**。由于从头到尾都坚硬无比，犰狳只要蜷缩成球状，在防御方面就几乎无敌了。

然而，在大约 20 种犰狳中，**能够完美蜷缩成球的仅有 2 种**。其他犰狳虽然也有盔甲，但最多勉强蜷成 U 形，根本无法缩成球状。

由此看来，似乎能蜷缩成球状的犰狳才是最强大的，可在猎人看来，**蜷成球状刚好方便抱走**。犰狳属于珍稀动物，由于遭到不法分子的捕杀，数量正在不断减少，有濒临灭绝的危险。

生物名片

哺乳类

■ **中文名** 巴西三带犰狳
■ **栖息地** 中美到南美的草原
■ **大小** 体长约 25 厘米
■ **特点** 蜷成球后，会用身体的缝隙夹住敌人的鼻子或趾头

遗憾度

新生的小象对长鼻子的作用一无所知

大象的长鼻子是由延长的鼻子和上唇愈合形成的。象鼻肌肉发达，强健有力，甚至可以将树木连根拔起；而且非常灵活，**可以精准地卷起一根稻草**。

对大象来说，**长长的鼻子是不可或缺的生存倚仗**。它们用长鼻子吸水淋浴，将其高高扬起分辨远方的气味……

不过，新生的小象似乎还不懂鼻子的诸多妙用。它们会**故意踩鼻子、试着将它放入口中**。好在随着长大，小象会慢慢意识到垂在眼前的这个长家伙的重要性。

生物名片

哺乳类

■ **中文名** 亚洲象

■ **栖息地** 印度及东南亚的森林或草原

■ **大小** 体长约 5.7 米

■ **特点** 是嗅觉最灵敏的动物之一

肿头龙如果鼓足力量顶头攻击，可能会折颈而死

肿头龙和坚头龙是同类，是一种**头骨像穹顶一样隆起**的恐龙。

肿头龙的头骨厚度最大可达 25 厘米，十分坚硬。它们以石头一样的脑袋为傲，在族群里通过互相撞头来竞争地位排名，**或许还会低头猛冲迎战敌人**。

然而，近年来人们发现，肿头龙颈骨的强度和其他恐龙差不多。因此有人认为，如果肿头龙**鼓足力量顶头撞击，很可能会折断脖子而死**。厚如石头的脑袋其实徒有其表，并不能发挥多少威力。倘若肿头龙果真用“铁头功”战斗，想来它们的头骨和身体构造应该可以分散冲击力，否则只能**用头顶住对方的身体转圈圈了**。

生物名片

爬行类

■**中文名** 肿头龙（已灭绝）
■**栖息地** 北美
■**大小** 全长约 5 米
■**特点** 用两条后腿走路，以树叶为食

白额燕鸥用粪便炸弹来驱敌

白额燕鸥会成群聚在一起产卵。**大家齐心合力护巢育雏**，能及时发现乌鸦等敌人，将其赶走。

即便如此，白额燕鸥体形娇小、力量薄弱，就算敌人来了，它们也只能大声鸣叫着、飞来飞去地驱赶。如果**敌人还不走**，白额燕鸥就会一边“唧唧”叫着，一边**一齐降下粪雨**。

这种粪便炸弹效果极佳，大多数敌人遭遇后都会狼狈败逃。可是，只顾着炮轰敌人的亲鸟们，**似乎忘记了正在巢中“吱吱”求助、张嘴仰望的雏鸟们**……

生物名片

鸟类

- **中文名** 白额燕鸥
- **栖息地** 温带到热带的水边和海滨
- **大小** 全长约 28 厘米
- **特点** 在半空中搜寻鱼类，然后潜入水中捕捉

巨扁竹节虫威吓敌人时很容易摔跟头

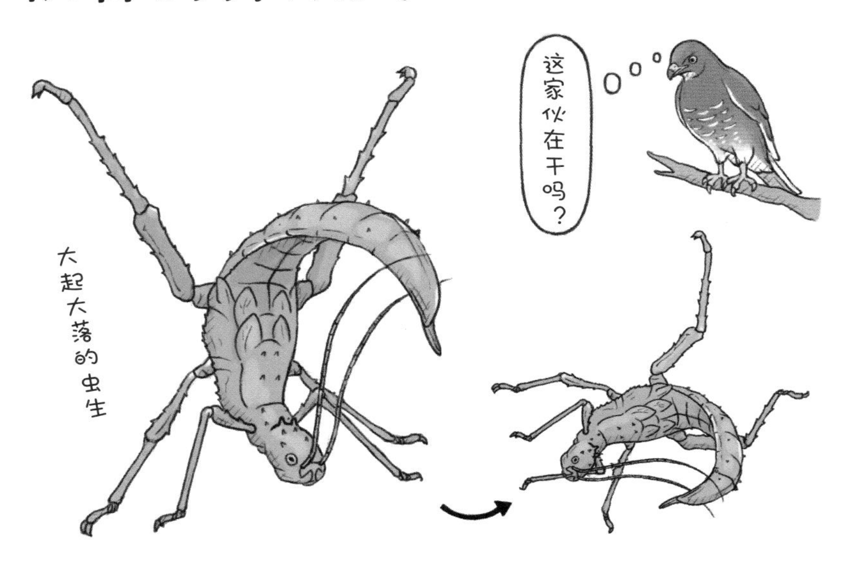

巨扁竹节虫与伪装成树叶来保护自己的叶䗛（xiū）同属一类。但是，巨扁竹节虫由于体形太胖，**在不会飞的昆虫中体重是最重的**，拟态的效果也随之下降。

好在它们还有另一招：一旦被敌人盯上，巨扁竹节虫就会将屁股高高翘起，模仿蝎子的样子威吓对方。可是**有时用力过猛，屁股翘过了头，结果导致重心不稳，整个虫身都翻了过去，摔了个大跟头。**

如此大费了一番周章，最后当敌人靠近时，巨扁竹节虫也只能抖擞（sǒu）带刺的后腿，向敌人宣告："我很扎嘴的！"

生物名片

昆虫类

- **中文名** 巨扁竹节虫
- **栖息地** 马来半岛的森林
- **大小** 体长约 15 厘米（雌虫）
- **特点** 会从身体的关节处发出咻咻声来威吓敌人

蜂猴行动过于缓慢，连虫子都会忽略它们

蜂猴也叫懒猴，正如其名，是一种**行动缓慢**的猴子。除了以甘甜的树液和果实为食，它们还喜欢捕食昆虫。让人惊讶的是，蜂猴虽然动作慢腾腾的，却能抓住行动迅捷的虫子。

原来，昆虫的眼睛能对快速移动的物体迅速做出反应，相对地，**动作缓慢的物体对它们来说则难以分辨**，就像周围的风景一般。这一特点使得蜂猴**能在昆虫毫无察觉的情况下将其捕获**。

可是，动作太慢也意味着躲闪不及。蜂猴**一旦被敌人盯上，猴生也就到此为止了**。尤其可怕的是遭遇蟒蛇，它们凭温度感知猎物，蜂猴即使一动不动，在对方的眼里也是暴露无遗。

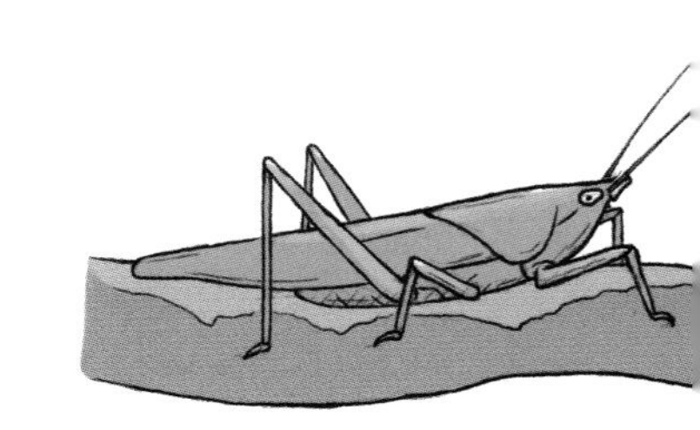

生物名片

哺乳类

- **中文名** 蜂猴
- **栖息地** 东南亚的森林
- **大小** 体长约 33 厘米
- **特点** 将手肘内侧分泌的毒液涂遍全身来防御

它们看不穿我的动作吧？

雄印尼金锹受欢迎的条件是擅长割草

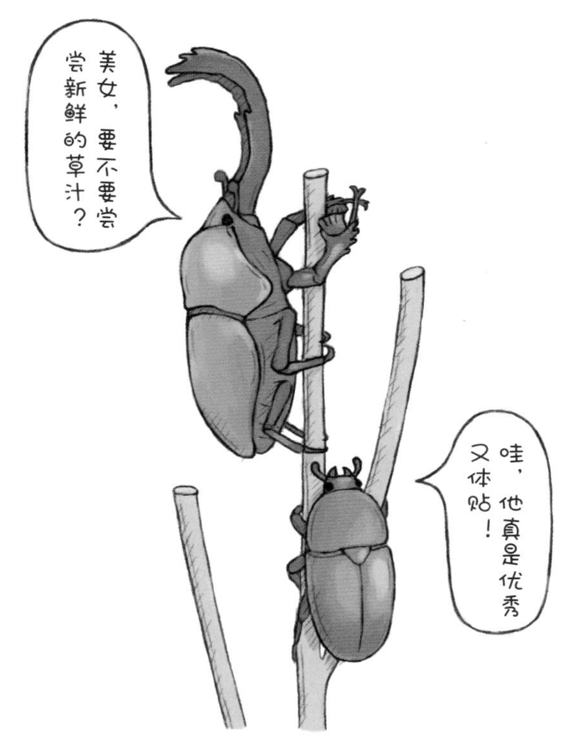

作为锹甲，印尼金锹的主食却并非树液，而是草汁。它们**喜欢吸食野茼蒿茎部尖端流出的汁液，食性与众不同。**

可是，切断野茼蒿的茎是一项技术活，只有雄性印尼金锹才能办到，因为只有它们的前肢上才附生有扇形的锯子。雌性印尼金锹发现异性时，会主动靠近它们，而**雄性印尼金锹则会把切断草茎流出的汁液送给雌性。**

在雄性印尼金锹看来，**割草取汁越多，吸引雌性靠近的几率就越大。**为此，它们每天都干劲满满，孜孜不倦地卖力割草。

生物名片

昆虫类

- **中文名** 印尼金锹
- **栖息地** 新几内亚岛的山地
- **大小** 体长约 4.5 厘米（雄虫）
- **特点** 泛着金属光泽的体色非常漂亮，还有青色和紫色的

鞭蝎的武器效果一般

鞭蝎长有细长的尾鞭，**像蝎子却并不是蝎子**，因此而得名。它们的御敌能力比蝎子要弱得多，丝毫不惹眼。

鞭蝎虽然有长长的尾鞭，却没有尾针，无法蜇刺。它们**最厉害的武器就是从尾鞭基部喷出的液体**。这种液体散发着浓郁的醋酸味，**一旦接触到皮肤，会导致红肿**，鞭蝎以此来驱赶敌人。比起一旦被其刺中，很可能会中毒甚至毙命的蝎子，这种能力未免有些欠缺冲击力。

而且由于没有尾针，鞭蝎**不能直接将这种液体注入对方体内，只能粗放地洒下大量醋雨**。

生物名片

螯肢类

■**中文名** 长尾鞭蝎

■**栖息地** 日本冲绳到中国台湾的森林

■**大小** 体长约 5 厘米

■**特点** 由于会散发出醋味，又得名“醋味蝎”

土豚逃不掉时会四脚乱蹬

对于生活在草原上的土豚来说，**锐利的爪子是它们唯一的武器**。遭到鬣狗等食肉动物袭击时，土豚会用利爪迅速挖洞，然后遁入土中。它们的背部皮厚肉坚，就算被敌人抓挠几下也没什么大碍。

如果敌人还不放弃，**眼看无法逃脱，土豚就会迅速转过身来仰面躺倒，四肢开始胡乱挣扎**。它们踢来蹬去，是为了在敌人面前亮出自己的武器——爪子，但那姿态**看上去简直就像在糖果店撒娇耍赖的孩子一样**。遗憾的是，这一招对大型食肉动物可不管用。在这种情况下，大多数土豚最终都会落得被吃掉的下场。

生物名片

哺乳类

- **中文名** 土豚
- **栖息地** 非洲的草原
- **大小** 体长约 1.3 米
- **特点** 喉咙干渴时，会偷吃人类种植的甜瓜等结在地面的果子

兰花螳螂口气越重越容易诱捕到猎物

兰花螳螂的幼虫**无论在颜色还是形态上，看上去都简直和兰花一模一样**。它们以这副姿容潜伏在花丛中，捕捉前来吸食花蜜的昆虫。

最近有研究发现，兰花螳螂的**幼虫口中释放的气味和蜜蜂是一样的**。蜜蜂用气味来相互交流，兰花螳螂发出相似的气味，让蜜蜂误以为“这里有同伴”，从而将其诱骗到身边。

不过，**这一技能为幼虫专属**。一旦化为成虫，兰花螳螂便不再发出气味，体形也变得几乎和普通螳螂没什么两样。它们仅靠一身开败的花色藏匿在兰花丛中，守株待兔，静候幸运女神的降临。

生物名片

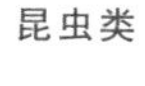
昆虫类

- **中文名** 兰花螳螂
- **栖息地** 东南亚的森林
- **大小** 体长约 7 厘米（雌虫）
- **特点** 新生的幼虫身体呈红黑色

老虎狩猎技术太差，经常白忙一场

大多数食肉动物肚子饿了并不会立刻去狩猎，因为它们狩猎的成功率并不是很高，最快的猎手猎豹的成功率为 40% ~ 50%，集体狩猎的狮子则只有 20% ~ 30%。

老虎是单独狩猎的，而且它们跑得并不快，**成功捕到猎物的概率只有 10%。**

不仅如此，老虎每天的狩猎机会也只有 1 ~ 2 次。除非它们率先发现了猎物并偷偷接近，而且对方完全没有察觉到，否则老虎很难捕到猎物。在非突袭的情况下，老虎的狩猎技术到底是什么水平呢？打个比方，**就算胜利女神近在咫尺，一个劲儿朝它们微笑，老虎也很可能会与她擦肩而过。**

今天也没
吃上饭……

生物名片

哺乳类

- **中文名** 虎
- **栖息地** 亚洲的森林
- **大小** 体长约 2.3 米
- **特点** 生活在炎热地区时，会经常冲凉，给身体降温

伐氏大角鮟鱇为了钓到鱼，一直坚持仰泳

鮟鱇是一种特别的鱼——明明自己也是鱼，还要用头部前端的“鱼饵”来钓鱼吃。其中，伐氏大角鮟鱇的**垂钓姿势与众不同，它们以腹部朝上的仰泳姿势钓鱼**。伐氏大角鮟鱇将长长的钓竿垂在靠近海底的地方，一心一意地等待猎物上钩。

估计伐氏大角鮟鱇接下来的行动是这样的：一旦猎物接触饵食，便骨碌一下翻正身体，一口咬住对方。

其他鮟鱇的捕食方法也差不多，它们将钓竿垂在面前，但并不一定会特意将身体翻过来。或许伐氏大角鮟鱇懂一点逆向思维吧！

生物名片

硬骨鱼类

- **中文名** 伐氏大角鮟鱇
- **栖息地** 广泛分布在三大洋的温带海域
- **大小** 全长约 40 厘米
- **特点** 眼睛小到几乎看不见

蝙蝠鱼用烈焰红唇引诱猎物

蝙蝠鱼是鮟鱇的同类。鮟鱇用从脑袋上伸出来的钓饵引诱猎物，可蝙蝠鱼**鼻子上方的钓竿过短，无法使用**。于是，它们用“烈焰红唇”这一酷炫的装备来代替。

蝙蝠鱼的体色与海底的砂石很相似，这样一来，**它们的嘴唇看起来就像是生活在砂地的红色生物一般**。以此为诱饵，它们不费吹灰之力就能捕获前来觅食的虾蟹。

可是，**能够分辨颜色的海洋生物其实只占少数**。如此看来，烈焰红唇虽然看起来酷炫无比，但还是不太实用啊！

生物名片

硬骨鱼类

- **中文名** 短吻蝙蝠鱼
- **栖息地** 西大西洋沿岸
- **大小** 全长约 38 厘米
- **特点** 多生活在浅海，但也会在深达 300 米的深海活动

笑脸蜘蛛用笑脸吓退鸟儿

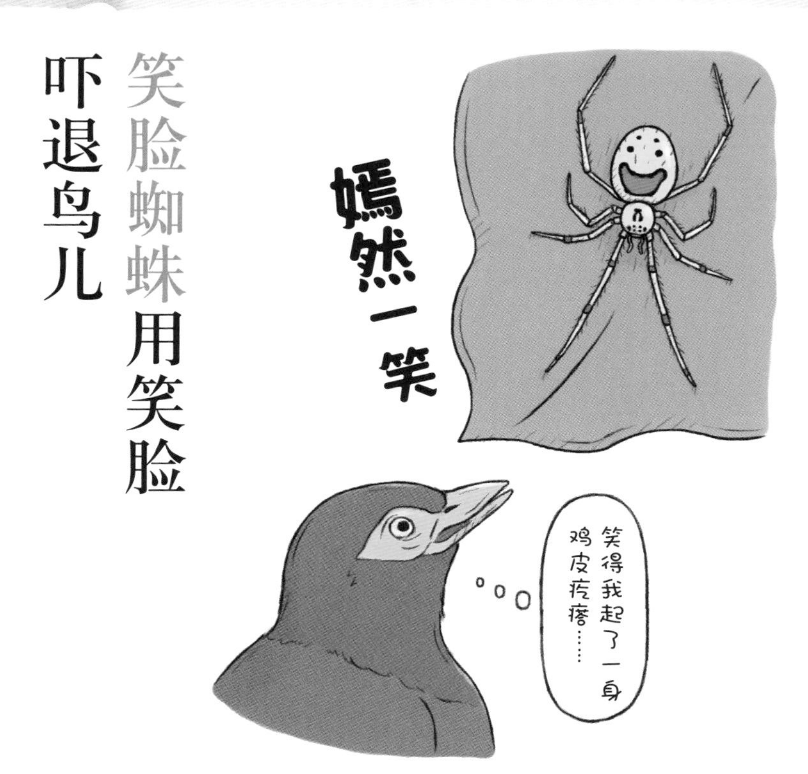

笑脸蜘蛛是夏威夷特有的一种蜘蛛。它们的**腹部长有笑脸一样的花纹**，这是它们为防止被鸟儿吃掉采取的对策。

虽说是笑脸，但**这并不是在示好**、劝告对方“让我们放弃争斗吧”，以求唤起鸟儿的恻隐之心。这种用来迷惑鸟儿的花纹，看起来像人类笑脸的其实只是少数。

个体不同，花纹的颜色也不尽相同，表情或紧凑或分散。因此，那张脸与其说是在微笑示好，其实**更像是个恶人，正发出“桀桀”的阴险笑声，恐吓前来捕食的天敌**。

生物名片

螯肢类

- **中文名** 笑脸蜘蛛
- **栖息地** 夏威夷群岛的森林
- **大小** 体长约 5 毫米
- **特点** 腹部花纹的颜色随食物变化

伊比利亚肋突螈遇险时会将肋骨刺出体外

蜥蜴以其断尾逃生的技能闻名于世，而伊比利亚肋突螈则拥有更加厉害的舍身伤敌秘器。

蝾螈和鲵的再生能力令人瞠目结舌：**即使四肢被切掉，也可以断骨重生；哪怕大脑或心脏失去了一部分，也可以再生复原。**

伊比利亚肋突螈活用这一令人惊叹的能力，在此基础上研究出了自己的防御方法：被敌人咬住时，它们**会将腹部两侧的肋骨刺出体外，形成两排具有防御功能的刺枪。**

这一招虽然伤敌一千，自损八百，但有赖于极强的再生能力，它们的**伤口很快就能愈合。**

生物名片

两栖类

- **中文名** 伊比利亚肋突螈
- **栖息地** 伊比利亚半岛及北非的河流与池塘
- **大小** 全长约 20 厘米
- **特点** 曾被带入太空进行断脚再生实验

卵石蟾蜍 会跳崖逃生

卵石蟾蜍栖息在海拔数千米的高耸岩山——南美洲的圭（guī）亚那高原上。

生活在这样的环境，相对来说天敌较少，不太需要逃跑。因此，卵石蟾蜍**虽然身为蟾蜍，腿却非常细瘦，不擅跳跃**，且没有蹼（pǔ）。它们简直是在极力摆脱作为蟾蜍的一切，活得像个异类。

不过，偶尔它们也会展现身手敏捷的一面。有强风吹来或者遭遇狼蛛时，它们**会缩起四肢蜷成一团，像颗小石子一样骨碌碌滚下山去**。

这不禁让人思考：与其采用如此疼痛的逃生方法，卵石蟾蜍还不如磨炼一下跳跃的本领呢！

生物名片

两栖类

- **中文名** 卵石蟾蜍
- **栖息地** 圭亚那高原的湿地
- **大小** 体长约 4 厘米
- **特点** 没有蝌蚪期，直接从卵孵化成幼蟾

普通楼燕睡觉时要冒着生命危险

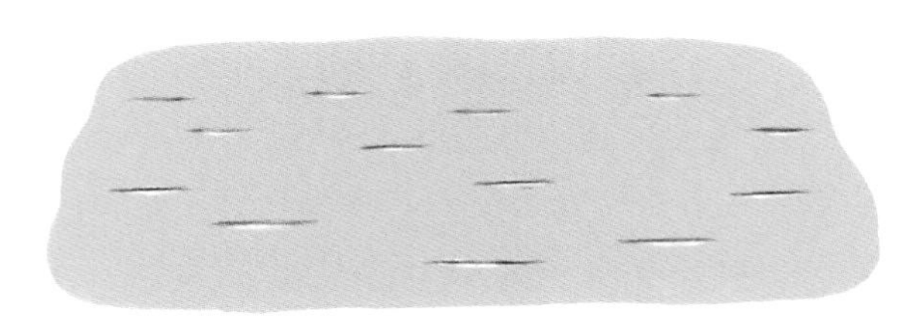

在鸟类中，大概没有谁比普通楼燕更沉迷于飞翔了。有调查显示，普通楼燕**可以连续飞行 10 个月**，也就是说，它们连吃饭和睡觉都是在飞行中解决的。

当然，睡觉时是无法控制身体运动的，因此，普通楼燕的睡眠时间并不是集中的。它们先飞上高空，**趁身体下落的时候睡上一会儿**，然后在落到一定高度时醒来。

下落的时间只有 1 ～ 2 秒。倘若一不小心睡过头了，普通楼燕就会撞到地面摔死，或者落入水中溺死。因此，对它们来说，**即使再困，也绝对不能"赖床"**。

生物名片

鸟类

- **中文名** 普通楼燕
- **栖息地** 亚欧大陆到非洲的森林和山岩地区
- **大小** 全长约 20 厘米
- **特点** 腿短翼长，无法从地面起飞，只能从高处俯冲起飞

宽吻海豚可能听不懂彼此的方言

海豚会通过鼻孔发出哨音，并能用它与同伴进行复杂的对话，这种哨音相当于人类的发音。科学家已经确认，宽吻海豚**可以灵活运用大约 1800 种“语言”**。

在宽吻海豚的语言中，**似乎还有“方言”的存在**。栖身的海域稍有些距离，使用的语言就可能会有一成左右的差别。在喧闹的海域，宽吻海豚还会压低音频，以使声音传到更远的地方。

因此，如果有宽吻海豚混入了其他同类的群体中，有时双方无法顺利交流。这时，混入其中的宽吻海豚**可能会模仿对方的口音，讲起“塑料方言”**。

生物名片

哺乳类

- **中文名** 宽吻海豚
- **栖息地** 热带到温带的沿岸海域
- **大小** 体长约 3 米
- **特点** 能够直起身在水面上小幅度摆尾“行走”

羊驼一生气就会呕吐

羊驼等骆驼的同类具有反刍（chú）的习惯，它们会**将吞下去的草料从胃部吐回口腔，仔细咀嚼后再次咽下去，这样可以促进消化。**但是，羊驼**一不高兴，就会呕吐**。呕吐物中掺杂着大量胃液，不仅味道特别臭，而且具有刺激性，进入眼睛的话，会疼得你睁不开眼。

不仅如此，羊驼**一时兴奋也会呕吐**。因此，在牧场或动物园与羊驼近距离接触时，即使它们看上去很可爱，让人想面对面亲近，你也要小心避免和它们对视，否则很可能会被吐一身。

生物名片

哺乳类

■ **中文名** 羊驼
■ **栖息地** 在南美被作为家畜饲养
■ **大小** 体长约 1.6 米
■ **特点** 被放牧在安第斯山脉的高原

索 引

介绍本书中出现的同类生物。

脊索动物

长有脊椎（脊柱）或脊索（原始的脊柱）的动物。

胎生，父母生下与自己形态相似的孩子，用乳汁喂养。恒温，用肺呼吸。

大猩猩（西非大猩猩）……24
河马……25
海獭……26
臭鼬……28
三趾树懒（褐喉三趾树懒）……32
吸血蝠……33
裸鼹鼠……34
伶鼬……36
山羊……38
海象……40
树鼩（普通树鼩）……41
狐獴……45
日本狼（已灭绝）……47
长颈鹿……51
猪（家猪）……57
驯鹿……62
蜜熊……63
獾㹢狓……66
安哥拉兔……67
抹香鲸……68
狮子……71
袋鼠（红袋鼠）……79
狮尾狒……81
剑齿虎（已灭绝）……84
翠猴……87
高鼻羚羊……89
鬣狗（斑鬣狗）……90
骆驼（单峰驼）……91
松鼠（欧亚红松鼠）……94
黑猩猩……95
考拉……98
白鲸……101
欧旅鼠……104
大海牛（已灭绝）……106
貉……114
狐狸（赤狐）……122
浣熊……123
水豚……125
叉角羚……130
马……132
犰狳（巴西三带犰狳）……134
象（亚洲象）……136
蜂猴……140
土豚……144
虎……146
宽吻海豚……154
羊驼……155

鸟类

卵生，大多长有翅膀，能翱翔于天际。恒温，用肺呼吸。

火烈鸟（大红鹳）…… 44

鲸头鹳…… 50

小山雀…… 64

麝雉…… 72

鸽子（原鸽）…… 75

王企鹅…… 82

信天翁（短尾信天翁）…… 100

鸳鸯…… 107

犀鸟（花冠皱盔犀鸟）…… 110

黑水鸡…… 113

鸡…… 115

阿德利企鹅…… 124

白额燕鸥…… 138

普通楼燕…… 153

爬行类

卵生，用肺呼吸。体温随周围环境的温度变化。

印度眼镜蛇…… 30

剑龙（已灭绝）…… 56

鳄鱼（美国短吻鳄）…… 59

无齿翼龙（已灭绝）…… 70

海鬣蜥…… 88

霸王龙（已灭绝）…… 96

海龟（蠵龟）…… 119

肿头龙（已灭绝）…… 137

两栖类

卵生，幼体在水中用鳃呼吸，成体变为用肺呼吸。体温随周围环境的温度变化。

六角恐龙（墨西哥钝口螈）…… 102

铃蟾（东方铃蟾）…… 131

伊比利亚肋突螈…… 151

卵石蟾蜍…… 152

硬骨鱼类

在水中生活，用鳍游泳。大多为卵生。体温随周围的水温变化。

皇带鱼…… 60

双锯鱼…… 65

尖牙鱼…… 77

宽咽鱼…… 78

管眼鱼…… 86

孔雀鱼（孔雀花鳉）…… 103

跳弹鳚…… 120

伐氏大角鮟鱇…… 148

蝙蝠鱼（短吻蝙蝠鱼）…… 149

软骨鱼类

卵生、卵胎生或胎生。在水中生活，用鳍游泳。骨架由软骨构成。

双吻前口蝠鲼…… 42

沙虎鲨…… 112

鲨鱼（宽纹虎鲨）…… 117

节肢动物

没有内骨骼，体表披有坚硬的皮肤。通过蜕皮成长。

身体分为头、胸、腹三部分。大多长有触角和翅膀，足有3对6只。

蛱蝶（细带闪蛱蝶）…… 35
红蚁（小红蚁）…… 39
突眼蝇（达氏曲突眼蝇）…… 43
蚊子（白纹伊蚊）…… 46
吉丁虫（迹地吉丁虫）…… 48
智利长牙锹甲 …… 85
瘤叶甲 …… 99
粪蝇（黄粪蝇）…… 109
竹节虫（日本竹节虫）…… 111
非洲长喙天蛾 …… 118
水蛩（巨圆臀大蜓）…… 133
巨扁竹节虫 …… 139
印尼金锹 …… 142
兰花螳螂 …… 145

身体被坚硬的壳覆盖。绝大多数时间生活在水中，用鳃呼吸。

潮虫（鼠妇）…… 31
海底热液口蟹 …… 49
小龙虾（克氏原螯虾）…… 58
磷虾（南极磷虾）…… 116
大王具足虫 …… 121

嘴边有名为螯肢的器官，比如钳子。脚通常有5对10只。

孔雀蜘蛛（博拉纳蜘蛛）…… 108
鞭蝎(长尾鞭蝎) …… 143
笑脸蜘蛛 …… 150

其他

本书中仅列举较少种类，还有许多其他动物。

乌贼、章鱼的同类。身体分为头、躯、腕三部分，腕从头部生出。

扁面蛸 …… 69
鹦鹉螺 …… 74
北太平洋巨型章鱼 …… 105

螺的同类。身体柔软，多有螺形壳。

缀衣笠螺 …… 29
僵尸蜗牛（华美琥珀螺）…… 73
蜗牛（左旋蜗牛）…… 80

在水中生活，身体呈果冻状。漂浮于水中，用触手捕捉猎物。

管水母……83

身体细长柔软，分为若干环节。

管虫（加拉帕戈斯管蠕虫）……76

参考文献

《小学馆的图鉴 NEO（新版）鱼》，井田齐、松浦启一编、执笔（小学馆）

《小学馆的图鉴 NEO（新版）鸟》，上田惠介编（小学馆）

《小学馆的图鉴 NEO（新版）昆虫》，小池启一、小野展嗣、町田龙一郎、田边力指导、执笔（小学馆）

《小学馆的图鉴 NEO（新版）动物》，三浦慎吾、成岛悦雄、伊泽雅子、吉冈基、室山泰之、北垣宪仁指导、执笔（小学馆）

《小学馆的图鉴 NEO（新版）恐龙》，富田幸光编、执笔（小学馆）

《小学馆的图鉴 NEO（新版）两栖类·爬行类》，松井正文、疋田努、太田英利指导、执笔（小学馆）

《小学馆的图鉴 NEO（新版）水中的生物》，白山义久、驹井智幸、月井雄二等指导、执笔（小学馆）

《红色生物图鉴》，小宫辉之编（河出书房新社）

《世界珍兽图鉴》，今泉忠明著（人类文化社）

《世界珍虫图鉴》，上田恭一郎编／川上洋一著（柏书房）

《和汉三才图会 6》，寺岛良安著／岛田勇雄、竹岛淳夫、樋口元巳译（平凡社）

图书在版编目（CIP）数据

遗憾的进化．2／（日）今泉忠明编；（日）下间文惠等绘；王雪译．-- 海口：南海出版公司，2020.5
ISBN 978-7-5442-9727-1

Ⅰ．①遗… Ⅱ．①今… ②下… ③王… Ⅲ．①动物－少儿读物 Ⅳ．①Q95-49

中国版本图书馆 CIP 数据核字（2019）第 273095 号

著作权合同登记号 图字：30-2019-153

遗憾的进化 2
〔日〕今泉忠明 编
〔日〕下间文惠 等绘
王雪 译

出　　版　南海出版公司　(0898)66568511
　　　　　海口市海秀中路51号星华大厦五楼　邮编 570206
发　　行　新经典发行有限公司
　　　　　电话(010)68423599　邮箱 editor@readinglife.com
经　　销　新华书店

责任编辑　崔莲花　郭　婷
装帧设计　王小喆
内文制作　博远文化

印　　刷　北京中科印刷有限公司
开　　本　889毫米×1194毫米　1/32
印　　张　5
字　　数　80千
版　　次　2020年5月第1版
印　　次　2021年8月第8次印刷
书　　号　ISBN 978-7-5442-9727-1
定　　价　49.80元